高等职业教育新形态一体化教材

冲压模具设计

白西平　编著

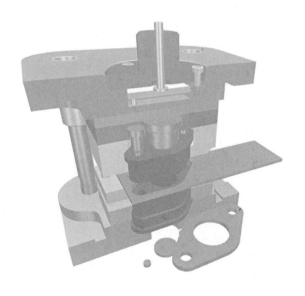

高等教育出版社·北京

内容简介

　　本书是配套完整 AR 资源的高等职业教育数控模具大类新形态一体化教材。全书共五个项目,主要内容包括:冲压加工基础、冲裁工艺与模具设计、弯曲工艺与模具设计、拉深工艺与模具设计、其他成形工艺与模具设计等。每个项目后配套相关的思考与练习,方便读者学习后巩固。同时,为了方便读者,本书附录提供冲压模具设计所需的各种常用资料,以及大量数字化资源可供参考使用。

　　本书重点/难点的知识点/技能点配有微课、知识拓展等丰富的数字化资源,视频类资源可通过扫描书中二维码在线观看,学习者也可登录智慧职教(www.icve.com)搜索课程"冲压模具设计"进行在线学习。

　　本书可作为高职高专院校模具专业的教学用书,亦可作为高端技能型、应用型人才专业岗位培训用书,亦可作为从事模具设计、模具制造的工程技术人员和自学者的参考用书。

　　教师如需要本书配套教学课件资源,可发送邮件至邮箱 gzjx@ pub.hep.cn 索取。

图书在版编目(CIP)数据

　　冲压模具设计/白西平编著. --北京:高等教育出版社,2021.11
　　ISBN 978-7-04-056077-0

　　Ⅰ. ①冲…　Ⅱ. ①白…　Ⅲ. ①冲模-设计-高等职业教育-教材　Ⅳ. ①TG385.2

　　中国版本图书馆 CIP 数据核字(2021)第 078299 号

CHONGYA MUJU SHEJI

策划编辑　吴睿韬	责任编辑　吴睿韬	封面设计　张　志		版式设计　徐艳妮
插图绘制　邓　超	责任校对　刘丽娴	责任印制　赵　振		

出版发行	高等教育出版社	网　址	http://www.hep.edu.cn
社　址	北京市西城区德外大街 4 号		http://www.hep.com.cn
邮政编码	100120	网上订购	http://www.hepmall.com.cn
印　刷	天津鑫丰华印务有限公司		http://www.hepmall.com
开　本	787mm×1092mm　1/16		http://www.hepmall.cn
印　张	14.5		
字　数	340 千字	版　次	2021 年 11 月第 1 版
购书热线	010-58581118	印　次	2021 年 11 月第 1 次印刷
咨询电话	400-810-0598	定　价	42.80 元

"智慧职教"服务指南

"智慧职教"是由高等教育出版社建设和运营的职业教育数字教学资源共建共享平台和在线课程教学服务平台,包括职业教育数字化学习中心平台(www.icve.com.cn)、职教云平台(zjy2.icve.com.cn)和云课堂智慧职教 App。用户在以下任一平台注册账号,均可登录并使用各个平台。

- **职业教育数字化学习中心平台(www.icve.com.cn)**:为学习者提供本教材配套课程及资源的浏览服务。

登录中心平台,在首页搜索框中搜索"冲压模具设计",找到对应作者主持的课程,加入课程参加学习,即可浏览课程资源。

- **职教云平台(zjy2.icve.com.cn)**:帮助任课教师对本教材配套课程进行引用、修改,再发布为个性化课程(SPOC)。

1. 登录职教云平台,在首页单击"申请教材配套课程服务"按钮,在弹出的申请页面填写相关真实信息,申请开通教材配套课程的调用权限。

2. 开通权限后,单击"新增课程"按钮,根据提示设置要构建的个性化课程的基本信息。

3. 进入个性化课程编辑页面,在"课程设计"中"导入"教材配套课程,并根据教学需要进行修改,再发布为个性化课程。

- **云课堂智慧职教 App**:帮助任课教师和学生基于新构建的个性化课程开展线上线下混合式、智能化教与学。

1. 在安卓或苹果应用市场,搜索"云课堂智慧职教"App,下载安装。

2. 登录 App,任课教师指导学生加入个性化课程,并利用 App 提供的各类功能,开展课前、课中、课后的教学互动,构建智慧课堂。

"智慧职教"使用帮助及常见问题解答请访问 help.icve.com.cn。

AR 资源服务指南

下载安装与使用说明扫描下方二维码进行了解。激活码获取方式:发送邮件至邮箱 973697836@ qq.com 进行索取。

前言

　　本书是作者结合多年的教学实践,在整合历年专用讲义的基础上,依据职业教育的特点及模具相关技术技能的要求,按 80~100 学时,为适应模具专业的教学及设计应用而编写的。本书既可作为高职高专院校模具专业的教学用书,又可作为其他相关专业岗位培训用书,也可作为从事模具设计、模具制造的科技人员的参考用书。

　　教材编写时,力求打破固有体系,从学习者实际应用出发,从社会需求出发。全书共分五个项目,主要内容有:冲压加工基础、冲裁工艺与模具设计、弯曲工艺与模具设计、拉深工艺与模具设计、其他成形工艺与模具设计等。

　　本书特点如下:

　　(1) 框架结构设计新颖。本书共五个项目,按照由简到繁、由浅到深、由局部到整体的思路设计构建框架。同时,项目中的每个任务均通过任务陈述、知识储备、任务实施、任务拓展形成完整流程以实现相关知识点的学习与运用,融学、用、练及巩固拓展为一体,强化了知识点的针对性,便于记忆和灵活应用。

　　(2) 专业针对性强。本书针对冲压模具从业人员编写,内容紧密结合模具专业的教学和实际生产,通过精心挑选的冲压工程应用实例,将冲压模具国家标准、行业标准的相关规定融入书中,以完整任务实施过程为载体,系统介绍冲压模具设计的方法、流程和技巧,力求学习过程中不感到枯燥乏味,并能学以致用。

　　(3) 完整的 AR 资源。全书配有 AR 资源,读者使用手机 App 扫描书中插图,即可呈现三维仿真的教学资源,可以触摸屏幕实现旋转、缩放结构、拆装模型,互动操作学习知识内容。

　　(4) 全书各项目任务既相互独立又相互关联。每个任务都是一个完整的教学实施环节,可以独立进行;任务和任务之间又紧密关联,能使读者对冲压模具设计有一个由点到面的系统认识。

　　(5) 每个项目后均配有思考与练习,为读者更好地掌握与总结基本理论和设计技能提供了方便。

　　本书由青岛职业技术学院白西平编著,青岛职业技术学院赵水、金彩善为本书的编写提供了大量的资料与建议。

　　本书由潍坊职业学院杜洪香、贾秋霜担任主审。

　　在编写过程中,编者参阅了国内外专家和学者的相关文献,在此一并表示感谢! 本书出版得到各兄弟院校同行、行业企业专家的大力支持,特致谢意。

　　由于编者水平有限,书中不当之处恳请读者批评指正,并提出宝贵意见。

编著者

2021 年 1 月

目录

项目一

冲压加工基础

冲压加工是利用安装在压力机上的模具,对放置在模具内的板料施加变形力,使板料在模具内产生变形,从而获得一定形状、尺寸和性能的产品零件的生产技术。由于冲压加工常在室温下进行,因此也称冷冲压。冷冲压不但可以加工金属材料,还可以加工非金属材料。

冲压成形是金属压力加工的主要方法之一,是建立在金属塑性变形理论基础上的材料成形工程技术。因为冲压加工的原材料一般为板料或带料,因此也称为板料冲压。

冲压模具是指将板料加工成冲压零件的特殊专用工具。

课件
冲压加工
基础

任务1 冲压与冲压模具的概念

▌任务陈述 》》》

通过本任务的学习,了解冲压的概念,清楚冲压的优点和缺点,掌握它的特点及应用,能分辨出哪些情况下零件可进行冲压加工,典型冲压零件如图 1-1 所示。

▌知识准备 》》》

知识点1 冲压及冲压模具

(1) 冲压——在室温下,利用安装在压力机上的模具对材料施加压力,使其产生分离或塑性变形,从而获得所需零件的一种压力加工方法。

(2) 冲压模具——在冷冲压加工中,将材料(金属或非金属)加工成零件(或半成品)的一种特殊工艺装备,称为冷冲压模具(俗称冷冲模)。

在冲压零件的生产中,合理的冲压成形工艺、先进的模具、高效的冲压设备是必不可少的三要素,其影响因素如图 1-2 所示。

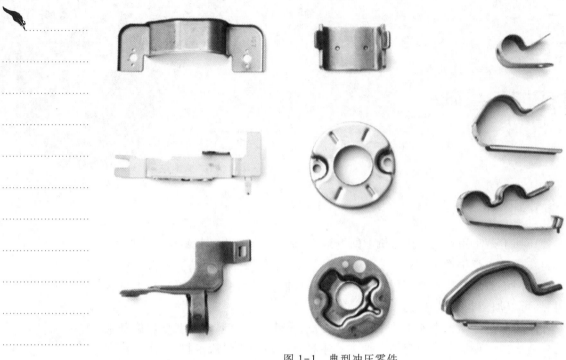

图 1-1　典型冲压零件

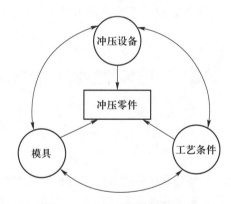

图 1-2　冲压零件的影响因素

（3）冲压成形——金属压力加工主要方法之一，是建立在金属塑性变形理论基础上的材料成形工程技术。因为冲压加工的原材料一般为板料或带料，因此也称为板料冲压。

板料、模具和冲压设备是构成冲压加工的三个必备要素。

知识点 2　冲压加工的特点

由于冲压加工具有突出的优点，因此此方法在批量生产中得到了广泛应用，在现代工业生产中占有十分重要的地位，是国防工业及民用工业生产中必不可少的加工方法。很多重要零件都是冲压加工的，如图 1-3 所示的电动机定子、转子。如图 1-4 所示的电动机定子、转子冲压加工复合模进行加工。

图 1-3　电动机定子、转子

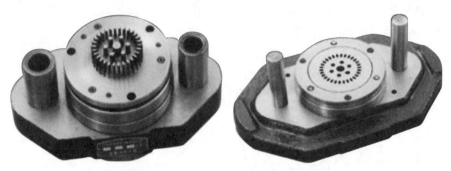

图 1-4　电动机定子、转子冲压加工复合模

　　冲压成形加工必须使用对应的模具,而模具是技术密集型产品,其制造属单件小批量生产,具有难加工、精度高、技术要求高、生产成本高(占产品成本的10%~30%)的特点。所以,只有在零件生产批量大的情况下,冲压成形加工的优点才能充分体现,从而获得更好的经济效益。

▌任务实施 ▶▶▶

　　冲压生产是利用冲模和冲压设备完成加工的,与其他加工方法相比,它具有如下优点。

　　(1)冲压所用原材料多是表面质量好的板料或带料,冲件的尺寸精度由冲模来保证,所以产品尺寸稳定,互换性好。

　　(2)冲压加工不像切削加工需要切除大量金属,因而节约能源、节省原材料。

　　(3)冲压生产便于实现自动化,生产效率高,操作简便,对工人的技术等级要求也不高。普通压力机每分钟可生产几件到几十件冲压件,而高速冲床每分钟可生产数百件甚至上千件冲压件。

　　(4)可以获得其他加工方法所不能或难以制造的壁薄、质量轻、刚度好、表面质量高、形状复杂的零件,小到钟表的秒针,大到汽车纵梁、覆盖件等。

　　但是,冲压必须使用对应的冲模,而冲模制造的主要特征是单件小批量生产,精度高、技术要求高,是技术密集型产品。因而,在一般情况下,只有在产品生产批量大时,才能获得较高的经济效益。

　　当然,冲压加工也存在一些缺点,主要表现在模具加工成本高、冲压加工噪声

微课
冲压技术的
发展

大、易发生人身伤害事故等方面。随着科学技术的发展,这些缺点会逐渐得到解决。

任务拓展 ▶▶▶

冲压与其他加工方法相比,具有独到的特点,所以在各个领域中得到广泛应用。越来越多的企业采用冲压方法加工产品零件,如电子、航空航天、交通、国防等行业。在这些企业中,冲压件所占的比重都相当大。不少过去用铸造、锻造、切削加工方法制造的零件,现在已被质量轻、刚度好的冲压件所代替。通过冲压加工制造,大大提高了生产效率,降低了成本。

任务2　认识冲压基本工序

任务陈述 ▶▶▶

冲压加工因工件形状、尺寸和精度的不同,采用的工序也不同。根据材料的变形特点可将冲压工序分为分离工序和成形工序两类。

通过本任务的学习,认识冲压基本工序,了解冲压工序的分类,能区分分离工序、成形工序。

知识准备 ▶▶▶

知识点1　分离工序

分离工序——指坯料在冲压力作用下,变形部分的应力达到强度极限 σ_b 后,使坯料发生断裂而产生分离的工序。分离工序主要有剪裁和冲裁等,有关分离工序的详细分类与特征见表1-1。

表1-1　分离工序

工序名称	工序简图	工序特征	模具简图
切断		用剪刀或模具切断板料,切断线不是封闭的	

续表

工序名称	工序简图	工序特征	模具简图
落料	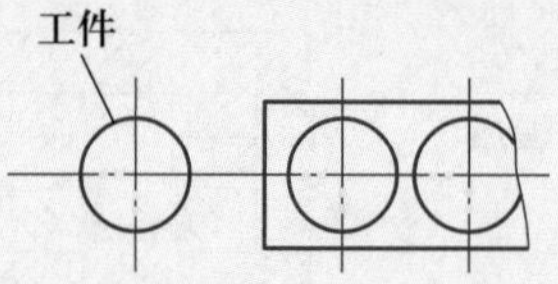 工件	用模具沿封闭线冲切板料,冲下的部分为工作	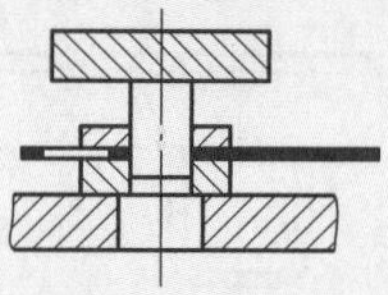
冲孔	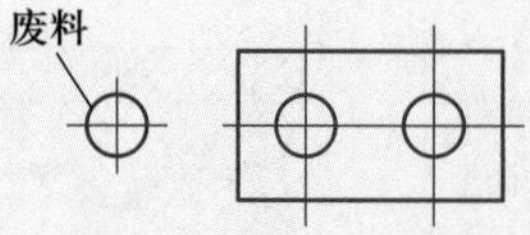 废料	用模具沿封闭线冲切板料,冲下的部分为废料	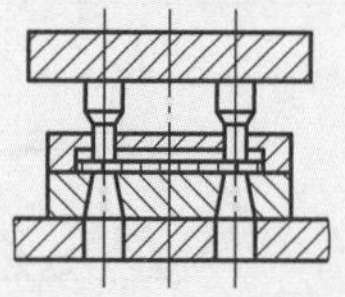
切口	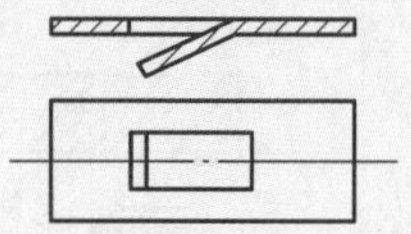	用模具将板料局部切开而不完全分离,切口部分材料发生弯曲	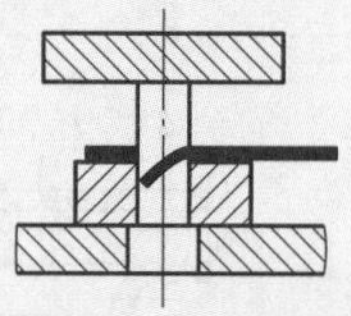
切边	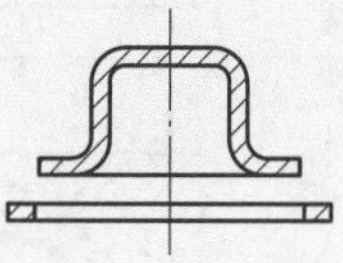	用模具将工件边缘多余的材料冲切下来	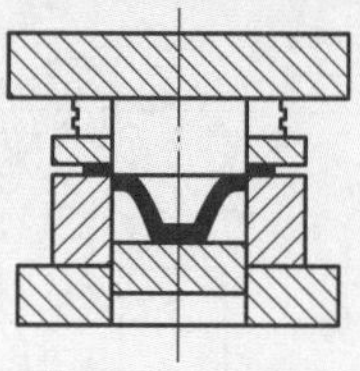

知识点 2　成形工序

　　成形工序——指坯料在冲压力作用下,变形部分的应力达到屈服极限 σ_s,但未达到强度极限 σ_b,使坯料产生塑性变形,成为具有一定形状、尺寸与精度工件的加工工序。成形工序主要有弯曲、拉深、翻边、胀形等。有关成形工序的详细分类与特征见表 1-2。

表 1-2　成 形 工 序

工序名称	工序简图	工序特征	模具简图
弯曲	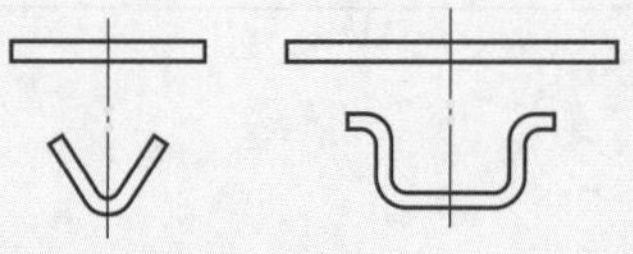	用模具使板料弯成一定角度或一定形状	

续表

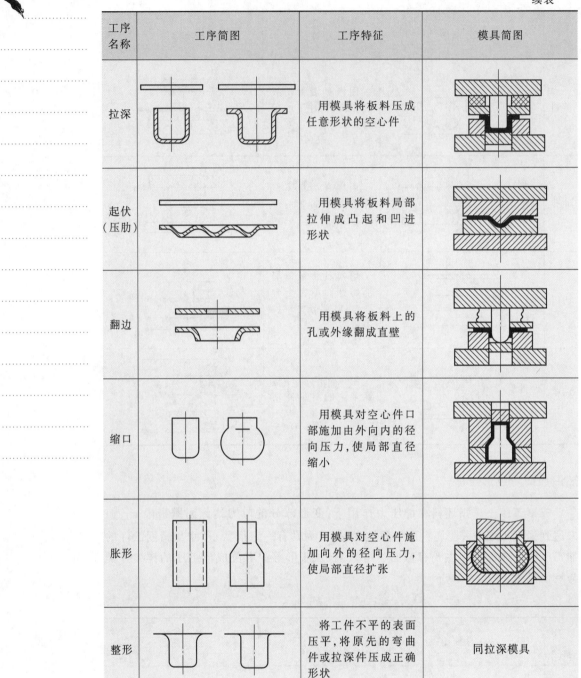

工序名称	工序简图	工序特征	模具简图
拉深		用模具将板料压成任意形状的空心件	
起伏（压肋）		用模具将板料局部拉伸成凸起和凹进形状	
翻边		用模具将板料上的孔或外缘翻成直壁	
缩口		用模具对空心件口部施加由外向内的径向压力，使局部直径缩小	
胀形		用模具对空心件施加向外的径向压力，使局部直径扩张	
整形		将工件不平的表面压平，将原先的弯曲件或拉深件压成正确形状	同拉深模具

▌任务实施 ▶▶▶

判断如图 1-5 所示冲压零件的冲压工序是分离工序还是成形工序。

解：根据制件的形状及工序特征，以上 4 种冲压零件的冲压工序分别为：

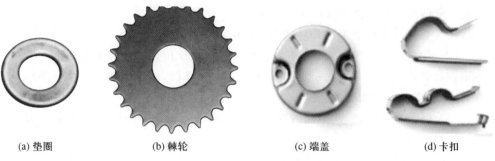

| (a) 垫圈 | (b) 棘轮 | (c) 端盖 | (d) 卡扣 |

图 1-5　冲压零件

（a）垫圈的冲压工序为分离工序；

（b）棘轮的冲压工序为分离工序；

（c）端盖的冲压工序为：内、外圆周及孔通过分离工序获得，其他形状通过成形工序获得；

（d）卡扣的冲压工序为成形工序。

微课
板料冲压成形性能及冲压材料

任务拓展 >>>

1. 板料的冲压成形性能

在冲压成形中，材料的最大变形极限称为成形极限。对不同的成形工序，成形极限应采用不同的极限变形系数来表示，例如弯曲工序的最小相对弯曲半径、拉深工序的极限拉深系数等。这些极限变形系数可以在冲压手册中查询，也可通过实验求得。

（1）属于变形区的问题　伸长类变形一般是因为拉应力过大，材料过度变薄，局部失稳而产生断裂，如胀形、翻孔、扩口和弯曲等的拉裂。压缩类变形一般是因为压应力过大，超过了板材的临界应力，使板材丧失稳定性而产生起皱，如缩口、无压料圈拉深等的起皱。

（2）属于非变形区的问题　传力区承载能力不够。非变形区作为传力区时，往往由于变形力超过了该传力区的承载能力而使变形过程无法继续进行。也分为以下两种情况。

① 拉裂或过度变薄：例如拉深是利用已变形区作为拉力的传力区，若变形力超过已变形区的抗拉能力，就会在该区内发生拉裂或局部严重变薄而使工件报废。

② 失稳或塑性镦粗：例如扩口和缩口工序是利用待变形区作为压力的传力区，若变形力超过了管坯的承载能力，待变形区就会因失稳而压屈，或者发生塑性镦粗变形。

2. 板料力学性能与冲压成形性能的关系

板料力学性能与板料冲压性能有密切关系。一般来说，板料的强度指标越高，产生相同变形量所需的力就越大；塑性指标越高，成形时所能承受的极限变形量就越大；刚性指标越高，成形时抗失稳起皱的能力就越大。

3. 常用冲压材料及其力学性能

冲压最常用的材料是金属板料，有时也用非金属板料，金属板料分黑色金属和有色金属两种。黑色金属板料按性质可分为：

（1）普通碳素钢钢板，如 Q195、Q235 等。

（2）优质碳素结构钢钢板，这类钢板的化学成分和力学性能都有保证。其中碳钢以低碳钢使用较多，常用牌号有 08、08F、10、20 等，冲压性能和焊接性能均较好，用以制造受力不大的冲压件。

（3）低合金结构钢板，常用的有 Q345（16Mn）、Q295（09Mn2）。用以制造有强度要求的重要冲压件。

（4）电工硅钢板，如 DT1、DT2。

（5）不锈钢板，如 1Crl8Ni9Ti、1Cr13 等，用以制造有防腐蚀、防锈要求的零件。

（6）常用的有色金属有铜及铜合金（如黄铜）等，牌号有 T1、T2、H62、H68 等，其塑性、导电性与导热性均很好。还有铝及铝合金，常用的牌号有 L2、L3、LF21、LY12 等，有较好塑性，变形抗力小且质量轻。

任务3　认识冲压模具

任务陈述 ▷▷▷

通过本任务的学习，认识各种形式的冲压模具（如图 1-6 所示），了解其特征及用途，清楚模具由哪些零件组成，为后期的学习打下基础。

图 1-6　冲压模具

知识准备 ▷▷▷

知识点　冲压模具分类

冲压模具是冲压生产必不可少的工艺装备，是技术密集型产品。冲压件的质量、生产效率以及生产成本等,与模具设计和制造有直接关系。模具设计与制造技术水平的高低,是衡量一个国家产品制造水平高低的重要标志之一,在很大程度上决定着产品的质量、效益和新产品的开发能力。

冲压模具的形式很多,一般可按以下几个主要特征分类。

1. 根据工艺性质分类

(1)冲裁模 沿封闭或敞开的轮廓线使材料产生分离的模具。如落料模、冲孔模、切断模、切口模、切边模、剖切模等。

(2)弯曲模 使板料毛坯或其他坯料沿着直线(弯曲线)产生弯曲变形,从而获得一定角度和形状的工件的模具。

(3)拉深模 是把板料毛坯制成开口空心件,或使空心件进一步改变形状和尺寸的模具。

(4)成形模 是将毛坯或半成品工件按凸、凹模的形状直接复制成形,而材料本身仅产生局部塑性变形的模具。如胀形模、缩口模、扩口模、起伏成形模、翻边模、整形模等。

2. 根据工序组合程度分类

(1)单工序模 在压力机的一次行程中,只完成一道冲压工序的模具。

(2)复合模 只有一个工位,在压力机的一次行程中,在同一工位上同时完成两道或两道以上冲压工序的模具。

(3)级进模(也称连续模) 在毛坯的送进方向上,具有两个或更多的工位,在压力机的一次行程中,在不同的工位上逐次完成两道或两道以上冲压工序的模具。

任务实施

如图 1-6 所示的是一副带导柱导套的单工序冲裁模,其模具图如图 1-7 所示。主要由上、下模两部分构成,上模由模柄 5、上模座 1、导套 20、凸模 10、垫板 8、固定板 9、卸料板 11 和螺钉、销钉等零件组成;下模由下模座 14、导柱 19、凹模 12、挡料销 18、顶件板 13、顶杆 15 和螺钉、销钉等零件组成。上模通过模柄 5 被安装在压力机滑块上,随滑块做上下往复运动,因此称为活动部分。下模通过下模座被固定在压力机工作台上,所以又称为固定部分。

任务拓展

通常模具由两类零件组成:一类是工艺零件,这类零件直接参与工艺过程的完成并和坯料有直接接触,包括工作零件、定位零件、压料与卸料零件等;另一类是结构零件,这类零件不直接参与完成工艺过程,也不和坯料有直接接触,只对模具完成工艺过程起保证作用,或对模具功能起完善作用,包括导向零件、支承固定零件、紧固零件及其他通用零件等,具体见表 1-3。不是所有的冲模都必须具备上述六种零件,尤其是单工序模,但是工作零件和必要的固定零件等是不可缺少的。

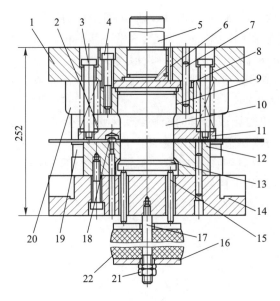

图 1-7　单工序冲裁模模具图

1—上模座；2—弹簧；3—卸料螺钉；4—螺钉；5—模柄；6、7—销钉；8—垫板；9—固定板；
10—凸模；11—卸料板；12—凹模；13—顶件板；14—下模座；15—顶杆；16—橡胶块压板；
17—螺柱；18—挡料销；19—导柱；20—导套；21—螺母；22—橡胶

表 1-3　冲模零件的分类及作用

零件分类		零件名称	零件作用
工艺零件	工作零件	凸、凹模	直接对坯料进行加工，完成板料分离或成形的零件
		凸凹模	
		刃口镶块	
	定位零件	定位销、定位板	确定被冲压加工材料或工序件在冲模中正确位置的零件
		挡料销、导正销	
		导料销、导料板	
		侧压板、承料板	
		定距侧刃	
	压料、卸料及出件零件	卸料板	使冲件与废料得以出模，保证顺利实现正常冲压生产的零件
		压料板	
		顶件块	
		推件块	
		废料切刀	
结构零件	导向零件	导套	正确保证上、下模的相对位置，以保证冲压精度
		导柱	
		导板	
		导筒	

续表

零件分类		零件名称	零件作用
结构零件	支承固定零件	上、下模座	承装模具零件或将模具紧固在压力机上并与它发生直接联系的零件
		模柄	
		凸、凹模固定板	
		垫板	
		限位器	
	紧固零件及其他通用零件	螺钉	模具零件之间的相互连接或定位的零件等
		销钉	
		键	
		弹簧等其他零件	

任务4　认识冲压设备

任务陈述 >>>

通过本任务的学习,认识各种形式的冲压设备,了解其工作原理、特点及应用,为后期的模具设计打下基础。

知识准备 >>>

知识点　压力机的分类

冲压设备属锻压机械,常见冷冲压设备有机械压力机(以 J×× 表示其型号)和液压机(以 Y×× 表示其型号)。

冲压设备分类:

① 机械压力机按驱动滑块机构的种类可分为曲柄式和摩擦式;

② 按滑块个数可分为单动和双动;

③ 按床身结构形式可分为开式(C 型床身)和闭式(Ⅱ型床身);

④ 按自动化程度可分为普通压力机和高速压力机等;

⑤ 液压机按工作介质可分为油压机和水压机。

常用冷冲压设备的工作原理和特点见表 1-4。

表 1-4 常用冷冲压设备的工作原理和特点

类型	设备名称	工作原理	特点
机械压力机	曲柄压力机（如图 1-8 所示）	利用曲柄连杆机构进行工作,电动机通过皮带及齿轮带动曲轴转动,经连杆使滑块做直线往复运动。曲柄压力机分为偏心压力机和曲轴压力机,二者区别主要在主轴,前者主轴是偏心轴,后者主轴是曲轴。偏心压力机一般是开式压力机,而曲轴压力机有开式和闭式之分。偏心压力机和曲柄压力机的传动系统如图 1-9、图 1-11 所示,偏心压力机如图 1-10 所示,开式可倾压力机如图 1-12 所示	生产率高,适合于各类冲压加工
	摩擦压力机（如图 1-13 所示）	利用摩擦盘与飞轮之间相互接触并传递动力,借助螺杆与螺母相对运动原理而工作,其结构图如图 1-14 所示,传动系统如图 1-15 所示	结构简单,当超负荷时,只会引起飞轮与摩擦盘之间的滑动,而不致损坏机件。但飞轮轮缘磨损大,生产效率低,适用于中小型件的冲压加工。对于校正、压印和成形等冲压工序尤为适宜
	高速冲床	工作原理和曲柄压力机相同,但其刚度、精度、行程次数都比较高,一般带有自动送料装置、安全检测装置等辅助装置	生产率很高,适用于大批量生产,模具一般采用多工位级进模
液压机	油压机水压机	采用帕斯卡原理,以水或油为工作介质,采用静压力传递进行工作,使滑块上、下往复运动	压力大,而且是静压力,但生产效率低。适用于拉深、挤压等成形工序

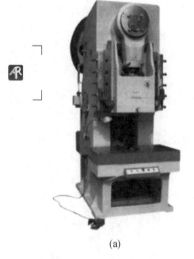

(a)　　　　(b)　　　　(c)

图 1-8 曲柄压力机

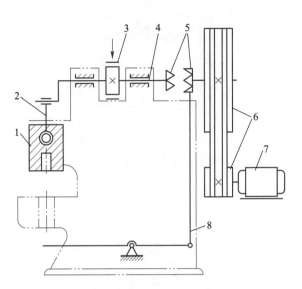

图 1-9　偏心压力机传动系统

1—滑块；2—连杆；3—制动装置；4—偏心轴；5—离合器；

6—皮带轮；7—电动机；8—操纵机构

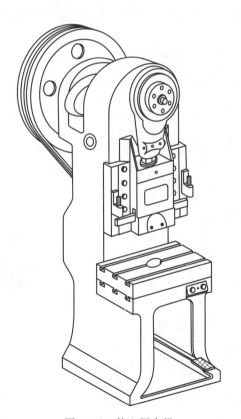

图 1-10　偏心压力机

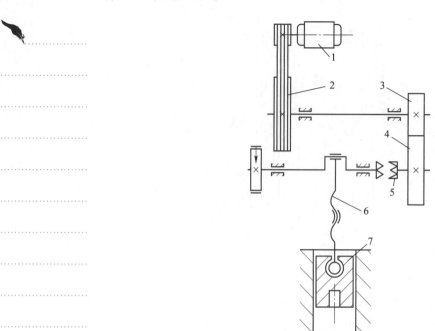

图 1-11 曲柄压力机传动系统

1—电动机;2—皮带轮;3、4—齿轮;5—离合器;6—连杆;7—滑块

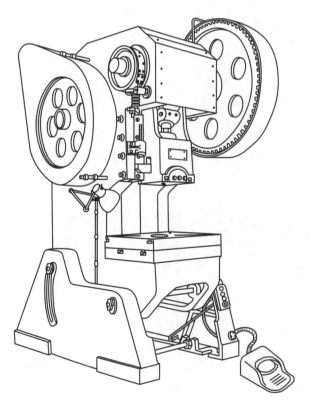

图 1-12 开式可倾压力机

图 1-13 双盘摩擦压力机

14

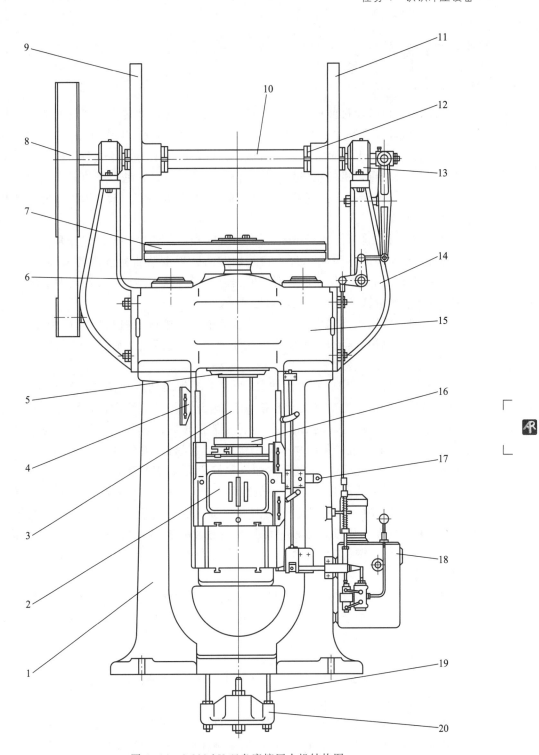

图1-14 3 000 kN双盘摩擦压力机结构图

1—机身;2—滑块;3—螺杆;4—斜压板;5—缓冲圈;6—拉紧螺栓;7—飞轮;8—传动带;
9、11—摩擦盘;10—传动轴;12—锁紧螺母;13—轴承;14—支臂;15—上横梁;
16—制动装置;17—卡板;18—操纵装置;19—拉杆;20—顶料器座

任务实施

1. 曲柄压力机

曲柄压力机是通过曲柄滑块机构将电动机的旋转运动转换为滑块的直线往复运动,对坯料进行成形加工的锻压机械。压力机动作平稳,工作可靠,广泛用于冲压、挤压、模锻和粉末冶金等工艺。机械压力机在数量上约占各类锻压机械总数的一半以上。机械压力机的规格用公称工作力(kN)表示,它是以滑块运动到距行程的下止点为 10~15 mm 处(或从下止点算起,曲柄转角 α 为 15°~30°时)为计算基点,设计的最大工作力。

曲柄压力机工作时,其工作原理如图 1-11 所示。由电动机通过三角皮带驱动大皮带轮(通常也兼作飞轮),经过齿轮副和离合器带动曲柄滑块机构,使滑块和凸模直线下行。锻压工作完成后滑块回程上行,离合器自动脱开,同时曲柄轴上的止动器接通,使滑块停止在上止点附近。

每个曲柄滑块机构称为一个"点",最简单的机械压力机采用单点式,即只有一个曲柄滑块机构。有的大工作面机械压力机,为使滑块底面受力均匀和运动平稳而采用双点或四点的。

机械压力机的载荷是冲击性的,即在一个工作周期内冲压工作的时间很短。短时的最大功率比平均功率大十几倍以上,因此在传动系统中都设置有飞轮。按平均功率选用的电动机启动后,飞轮运转至额定转速,积蓄动能;凸模接触坯料开始冲压工作后,电动机的驱动功率小于载荷,转速降低,飞轮释放出积蓄的动能进行补偿。冲压工作完成后,飞轮再次加速积蓄动能,以备下次使用。

机械压力机上的离合器与制动器之间设有机械或电气连锁,以保证离合器接合前制动器一定要松开,制动器制动前离合器一定要脱开。机械压力机的操作分为连续、单次行程和寸动(微动),大多数是通过控制离合器和制动器来实现的。滑块的行程长度不变,但其底面与工作台面之间的距离(称为封密高度),可以通过螺杆调节。

生产中,有可能发生超过压力机公称工作力的现象。为保证设备安全,常在压力机上装设过载保护装置;为了保证操作者人身安全,压力机上面装有光电式或双手操作式人身保护装置。

2. 摩擦压力机

如图 1-13 所示是 3 000 kN 双盘摩擦压力机,它的结构图如图 1-14 所示、其传动系统图如图 1-15 所示。

双盘摩擦压力机是常见的一种摩擦压力机,适用于有色及黑色金属的模锻、挤压、切边、弯曲、校正及耐火材料等制品的压制成形工作。该压力机具有结构简单、能量大、噪声低、寿命长、安全可靠、使用维修方便等特点,广泛用于航空、汽车、拖拉机、工具制造、纺织机械等行业,在工业发展史上做出了重要贡献。

双盘摩擦压力机属于螺旋压力机的一种传统结构形式,其主要特征是飞轮由摩擦机构传动。机器的传动链由一级皮带传动、正交圆盘摩擦传动和螺旋滑块机

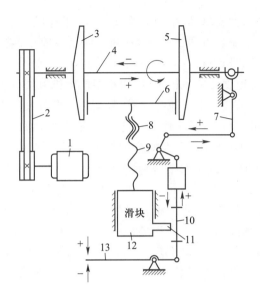

图 1-15　3 000 kN 双盘摩擦压力机传动系统图

1—电动机;2—传送带;3、5—摩擦盘;4—轴;6—飞轮;7、10—连杆;
8—螺母;9—螺杆;11—挡块;12—滑块;13—手柄

构组成。

　　其工作原理为:电动机通过三角带带动传动轴朝一个方向旋转(从机器左侧看为顺时针旋转),安装在传动轴上的左右两个摩擦盘随传动轴一起旋转。按动滑块下行按钮,换向阀换向,操纵缸活塞向下移动,经杠杆系统使主轴沿轴向右移,左摩擦盘压紧飞轮,依靠摩擦驱动飞轮旋转(从机器上方俯视为顺时针方向旋转),通过螺旋机构将飞轮的圆周运动转变为滑块的直线运动。滑块通过模具接触工件后,飞轮及滑块在运动中积蓄的能量全部释放,飞轮的惯性力矩通过螺旋机构转变为滑块对工件的冲击力,一次冲击结束后,按滑块上升按钮,换向阀换向,操纵缸活塞向上移动,经杠杆系统,右摩擦盘压紧飞轮,飞轮反向旋转,滑块回程,滑块上升到预定位置时换向阀换向,复位弹簧使摩擦盘恢复中位,同时制动动作使滑块停止在设定的位置,此时本机的一次工作循环即完成。

▌任务拓展 >>>

压力机的选用

　　通用曲柄压力机具有较广的工艺适应范围,常见的冲压工艺都能采用它进行冲压加工。冲压件结构尺寸和产量大小是选用压力机类别的重要考虑因素。工件结构尺寸适中、产量不太大、冲压工序内容多变时,可选用通用压力机;工件结构尺寸大、产量大或冲压工艺较稳定时,可考虑使用专用压力机。

　　开式压力机机身结构的主要优点是操作空间大,允许前后或左右送料操作,而闭式压力机机身结构的主要优点是刚度好,滑块导向精度高,床身受力变形易补

偿。因此,对于工件精度要求高,模具寿命要求长,工件尺寸较大的冲压生产宜选用闭式压力机;而对于需要方便操作,模具和工件尺寸较小,或要安装自动送料装置的冲压则宜选择开式压力机。

压力机滑块行程速度通常是固定的,中小型压力机滑块行程速度较快,大中型压力机滑块行程速度稍慢。对于拉深、挤压等塑性变形量大的工序,宜选用滑块行程速度稍慢的压力机,而冲裁类工序则可选用滑块速度较快的压力机。根据产量、操作条件(手工或自动送料)及工人操作的熟练程度不同,冲压生产效率也不同。行程速度越快,振动、噪声就越大,对模具寿命会有一定影响,这点必须加以注意。压力机的行程和装模高度对压力机的整体刚性有一定的影响。滑块行程越大,则曲柄半径越大;机身立柱越高,则曲柄臂刚度越差,机身受力变形量越大。装模高度越高,机身立柱也越高,同样受力后的变形量也越大,且当模具的闭合高度变小时,装模后连杆变长,刚度就随之下降。因此,在满足冲压成形的要求及方便取件的前提下,选用的压力机行程不必过长,装模高度也不必过大。

思考与练习

1. 什么是弹性变形? 什么是塑形变形? 简述塑形变形的机理。

2. 影响金属塑性的主要因素有哪些?

3. 简述压力机的工作原理。

4. 材料的哪些力学性能对伸长类变形有重大影响? 哪些对压缩类变形有重大影响? 为什么?

5. 简要说明变形温度和变形速度对塑性和变形抗力的影响。

项目二

冲裁工艺与模具设计

冲裁是冲压最基本的工序之一。

本项目主要介绍冲裁基础、冲裁工艺、冲裁模具结构以及典型冲裁模设计实例。涉及冲裁变形过程分析、冲裁件质量及影响因素、冲裁间隙确定、刃口尺寸计算原则和方法、排样设计、冲裁力与压力中心计算、冲裁工艺性分析与工艺方案制订、冲裁典型结构、零部件设计及模具标准应用、冲裁模设计方法与步骤等。

课件
冲裁工艺与
模具设计

任务 1　基础认知

▌任务陈述 ▶▶▶

通过本任务的学习,了解冲裁变形过程,观察冲裁断面特征;学会分析其质量影响因素。分析判断如图 2-1 所示冲裁零件是如何制造的,质量受哪些因素影响。

图 2-1　冲裁零件

▌知识准备 ▶▶▶

知识点 1　冲裁概述

冲裁是利用模具使板料沿着一定的轮廓形状产生分离的一种冲压工序。它包括落料、冲孔、切断、修边、切舌、剖切等工序,其中落料和冲孔是最常见的两种工序。

落料——若使材料沿封闭曲线相互分离,封闭曲线以内的部分作为冲裁件时,称为落料。

冲孔——若使材料沿封闭曲线相互分离,封闭曲线以外的部分作为冲裁件时,则称为冲孔。如图 2-2 所示的垫圈即由落料和冲孔两道工序完成。

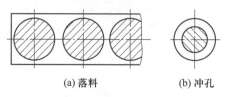

(a) 落料   (b) 冲孔

图 2-2 垫圈的落料与冲孔

冲裁是冲压工艺的最基本工序之一,在冲压加工中应用极广。它既可直接冲出成品零件,也可以为弯曲、拉深和挤压等其他工序准备坯料,还可以对已成形的工件进行再加工(切边、切舌、冲孔等)。

冲裁所使用的模具叫冲裁模,它是冲裁过程必不可少的工艺装备。如图 2-3 所示为典型落料冲孔复合模,冲模开始工作时,将条料放在卸料板 19 上,并由导料销 6、22 定位。冲裁开始时,落料凹模 7 和推件块 8 首先接触条料。当压力机滑块下行时,凸凹模 18 的外形与落料凹模 7 共同作用冲出制件外形。与此同时,冲孔凸模 17 与凸凹模 18 的内孔共同作用冲出制件内孔。冲裁变形完成后,滑块回升时,在打杆 15 作用下,打下推件块 8,将制件排出落料凹模 7 外。而卸料板 19 在橡胶反弹力作用下,将条料从凸凹模上刮下,从而完成冲裁全部过程。

根据冲裁变形机理的不同,冲裁工艺可以分为普通冲裁和精密冲裁两大类,本项目主要讨论普通冲裁。

知识点 2 冲裁变形过程分析

微课
冲裁变形
分析

为了正确设计冲裁工艺和模具,控制冲裁件质量,必须认真分析冲裁变形过程,了解和掌握冲裁变形规律。

1. 冲裁变形时板材变形区受力情况分析

如图 2-4 所示是无压料装置的模具对板料进行冲裁时的情况。凸模 1 与凹模 3 都具有与制件轮廓一样形状的锋利刃口,凸凹模之间存在一定间隙。当凸模下降至与板料接触时,板料就受到凸、凹模的作用力。

其中,F_1、F_2——凸、凹模对板料的垂直作用力;F_3、F_4——凸、凹模对板料的侧压力;μF_1、μF_2——凸、凹模端面与板料间的摩擦力,其方向与间隙大小有关,一般从模具刃口指向外;μF_3、μF_4——凸、凹模侧面与板料间的摩擦力。

从图中可看出,由于凸、凹模之间存在间隙,F_1、F_2 不在同一垂直线上,故板料受到弯矩 $M \approx F_1 \cdot Z/2$ 作用,由于 M 使板料弯曲并从模具表面翘起,使模具表面和板料的接触面仅限在刃口附近的狭小区域,其接触面宽度为板厚的 0.2~0.4。接触面间相互作用的垂直压力并不均匀,随着向模具刃口的逼近而急剧增大。

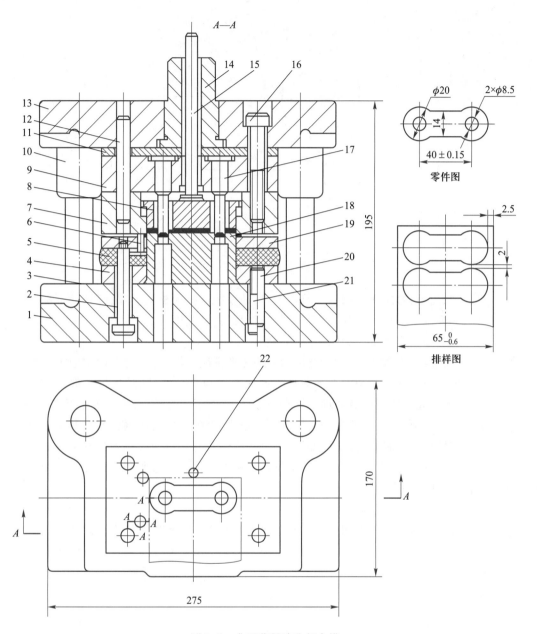

图2-3 典型落料冲孔复合模

1—下模板；2—卸料螺钉；3—导柱；4—固定板；5—橡胶；6、22—导料销；7—落料凹模；
8—推件块；9—固定板；10—导套；11—垫板；12、20—销钉；13—上模板；14—模柄；
15—打杆；16、21—螺钉；17—冲孔凸模；18—凸凹模；19—卸料板

2. 冲裁变形过程

如图2-5所示为冲裁变形过程。如果模具间隙正常，冲裁变形过程大致可分为如下三个阶段。

（1）弹性变形阶段如图2-5（a）所示。

在凸模压力下，材料产生弹性压缩、拉伸和弯曲变形，凹模上的板料则向上翘

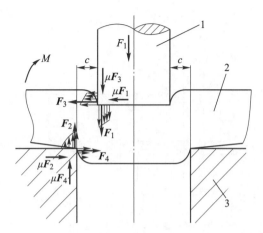

图 2-4 无压料装置的模具对板料进行冲裁时的情况

1—凸模;2—板材;3—凹模

曲,间隙越大,弯曲和上翘越严重。同时,凸模稍许挤入板料上部,板料的下部则略挤入凹模洞口,但材料内的应力未超过材料的弹性极限。

（2）塑性变形阶段如图 2-5(b)所示。

因板料发生弯曲,凸模沿宽度为 b 的环形带继续加压,当材料内的应力达到屈服强度时便开始进入塑性变形阶段。凸模挤入板料上部,同时板料下部挤入凹模洞口,形成光亮的塑性剪切面。随凸模挤入板料深度的增大,塑性变形程度增大,变形区材料硬化加剧,冲裁变形抗力不断增大,直到刃口附近侧面的材料由于拉应力的作用出现微裂纹时,塑性变形阶段便告终,此时冲裁变形抗力达到最大值。由于凸、凹模间存在有间隙,故在这个阶段中板料还伴随着弯曲和拉伸变形。间隙越大,弯曲和拉伸变形也越大。

（3）断裂分离阶段如图 2-5(c)~(e)所示。

材料内裂纹首先在凹模刃口附近的侧面产生,紧接着才在凸模刃口附近的侧面产生。已形成的上下微裂纹随凸模继续压入,沿最大切应力方向不断向材料内部扩展,当上下裂纹重合时,板料便被剪断分离。随后,凸模将分离的材料推入凹模洞口。

动画
冲裁变形
过程

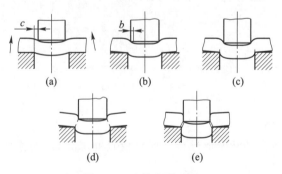

图 2-5 冲裁变形过程

从如图 2-6 所示冲裁力-凸模行程曲线可明显看出冲裁变形过程的三个阶段。图中 *OA* 段是冲裁的弹性变形阶段;*AB* 段是塑性变形阶段,*B* 点为冲裁力的最大值,在此点材料开始剪裂;*BC* 段为微裂纹扩展直至材料分离的断裂阶段;*CD* 段主要是用于克服摩擦力将冲件推出凹模孔口时所需的力。

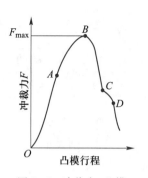

图 2-6　冲裁力-凸模
行程曲线

3. 冲裁件质量及其影响因素

冲裁件质量是指断面状况、尺寸精度和形状误差。断面状况尽可能垂直、光洁、毛刺小。尺寸精度应该保证在图样规定的公差范围之内。零件外形应该满足图样要求;表面尽可能平直,即拱弯小。影响零件质量的因素有:材料性能、间隙大小及均匀性、刃口锋利程度、模具精度以及模具结构形式等。

（1）冲裁件断面质量及其影响因素　由于冲裁变形的特点,冲裁件的断面明显地分成四个特征区,即圆角带 *a*、光亮带 *b*、断裂带 *c* 与毛刺区 *d*,如图 2-7 所示。

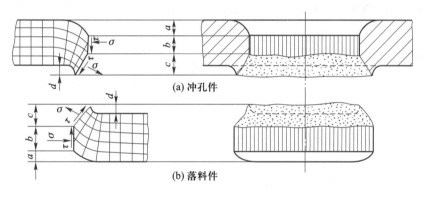

(a) 冲孔件

(b) 落料件

图 2-7　冲裁区应力、变形和冲裁件正常的断面状况

圆角带 *a*——该区域的形成是当凸模刃口压入材料时,刃口附近的材料产生弯曲和伸长变形,材料被拉入间隙的结果;

光亮带 *b*——该区域在塑形变形阶段形成,当刃口切入材料后,材料与凸、凹模切刃的侧表面挤压而形成的光亮垂直的断面。通常占全断面的 $1/3 \sim 1/2$;

断裂带 *c*——该区域在断裂阶段形成,是由刃口附近的微裂纹在拉应力作用下不断扩展而形成的撕裂面,其断面粗糙,具有金属本色,且略带有斜度。

毛刺区 *d*——毛刺的形成是由于在塑性变形阶段后期,凸、凹模的刃口切入被加工板料一定深度时,刃口正面材料被压缩,刃尖部分是压应力状态,使裂纹的起点不会在刃尖处发生,而是在模具侧面距刃尖不远的地方发生,在拉应力的作用下,裂纹加长,材料断裂而产生毛刺,裂纹的产生点和刃口尖的距离成为毛刺的高度。在普通冲裁中毛刺是不可避免的,普通冲裁允许的毛刺高度见表 2-1。

表 2-1 普通冲裁允许的毛刺高度　　　　　　　　　mm

料厚 t	≤0.3	>0.3~0.5	>0.5~1.0	>1.0~1.5	>1.5~2
生产时	≤0.05	≤0.08	≤0.10	≤0.13	≤0.15
试模时	≤0.015	≤0.02	≤0.03	≤0.04	≤0.05

在四个特征区中,光亮带越宽,断面质量越好。但四个特征区域的大小和断面上所占的比例大小并非一成不变,而是随着材料性能、模具间隙、刃口状态等条件的不同而变化。

影响断面质量的因素如下:

① **材料性能的影响**　材料塑性好,冲裁时裂纹出现得较迟,材料被剪切的深度较大,所得断面光亮带所占的比例就大,圆角也大。而塑性差的材料,容易拉断,材料被剪切不久就出现裂纹,使断面光亮带所占的比例小,圆角小,大部分是粗糙的断裂面。

② **模具间隙的影响**　如图 2-8 所示,冲裁时,断裂面上下裂纹是否重合,与凸、凹模间隙值的大小有关。当凸、凹间隙合适时,凸、凹模刃口附近沿最大切应力方向产生的裂纹在冲裁过程中能会合,此时尽管断面与材料表面不垂直,但还是比较平直、光滑、毛刺较小,制件的断面质量较好(如图 2-8(b)所示)。

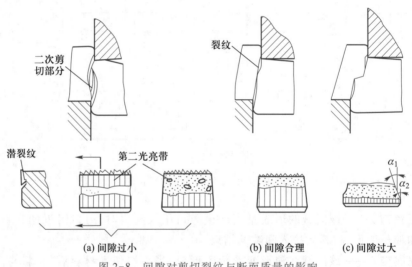

图 2-8　间隙对剪切裂纹与断面质量的影响

当间隙增大时,材料内的拉应力增大,使得拉伸断裂发生早,于是断裂带变宽,光亮带变窄,弯曲变形增大,因而塌角和拱弯也增大。

当间隙减小时,变形区内弯矩小、压应力增大。由凹模刃口附近产生的裂纹进入凸模下面的压应力区而停止发展;由凸模刃口附近产生的裂纹进入凹模上表面的压应力区也停止发展。上、下裂纹不重合,两条裂纹之间的材料将被二次剪切。当上裂纹压入凹模时,受到凹模壁的挤压,产生第二光亮带,同时部分材料被挤出,在表面形成薄而高的毛刺(如图 2-8(a)所示)。

当间隙过小时,虽然塌角小、拱弯小,但断面质量也有缺陷。如断面中部出现

夹层,两头呈光亮带,在端面有挤长的毛刺。

当间隙过大时,因为弯矩大,拉应力成分高,材料在凸、凹模刃口附近产生的裂纹也不重合。分离后产生的断裂层斜度增大,制件的断面出现两个斜角 α_1 和 α_2,断面质量也不理想。而且,由于塌角大、拱弯大、光亮带小、毛刺又高又厚,冲裁件质量下降,如图 2-8(c)所示。因此,模具间隙应保持在一个合理的范围之内。另外,当模具装配间隙调整得不均匀时,模具会出现部分间隙过大和过小的质量问题。因此,模具设计、制造与安装时必须保证间隙均匀。

③ **模具刃口状态的影响** 模具刃口状态对冲裁过程中的应力状态及制件的断面质量有较大影响。当刃口磨损成圆角时,挤压作用增大,导致制件塌角带和光亮带增大。同时,材料中减少了应力集中现象导致变形区域增大,产生的裂纹偏离刃口,凸、凹模间金属在剪裂前有很大的拉伸,这就使冲裁断面上产生明显的毛刺。当凸、凹模刃口磨钝后,即使间隙合理也会产生毛刺,如图 2-9 所示。当凸模刃口磨钝时,会在落料件上端产生毛刺(如图 2-9(a)所示);当凹模刃口磨钝时,会在冲孔件的孔口下端产生毛刺(如图 2-9(b)所示);当凸、凹模刃口同时磨钝时,冲裁件上、下端都会产生毛刺(如图 2-9(c)所示)。

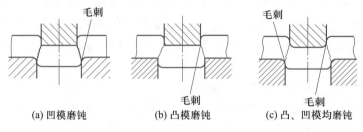

| (a) 凹模磨钝 | (b) 凸模磨钝 | (c) 凸、凹模均磨钝 |

图 2-9 凸、凹模刃口磨钝后毛刺的形成情况

(2) 冲裁件尺寸精度及其影响因素 冲裁件的尺寸精度,是指冲裁件的实际尺寸与图样上基本尺寸之差。差值越小,精度越高。这个差值包括两方面的偏差,一是冲裁件相对于凸模或凹模尺寸的偏差,二是模具本身的制造偏差。

冲裁件的尺寸精度与许多因素有关,如冲模的制造精度、材料性质、冲裁间隙等。

① **冲模的制造精度** 冲模的制造精度对冲裁件尺寸精度有直接影响,冲模的精度越高,冲裁件的精度亦越高。当冲裁模具有合理间隙与锋利刃口时,其模具制造精度与冲裁件精度的关系见表 2-2。

表 2-2 冲模模具制造精度与冲裁件精度的关系

冲模制造精度	冲裁件精度											
	材料厚度 t/mm											
	0.5	0.8	1.0	1.5	2	3	4	5	6	8	10	12
IT6–IT7	IT8	IT8	IT9	IT10	IT10	—	—	—	—	—	—	—
IT7–IT8	—	IT9	IT10	IT10	IT12	IT12	IT12	—	—	—	—	—
IT9	—	—	—	IT12	IT12	IT12	IT12	IT12	IT12	IT14	IT14	IT14

需要指出的是冲模的精度与冲模结构、加工、装配等多方面因素有关。

② 材料的性质 材料的性质对其在冲裁过程中的弹性变形量有很大影响。对于比较软的材料,弹性变形量较小,冲裁后的回弹值也小,因而零件精度高。而硬的材料,情况正好与此相反。

③ 冲裁间隙 当间隙适当时,在冲裁过程中,板料的变形区在较纯的剪切作用下被分离,使落料件的尺寸等于凹模尺寸,冲孔件尺寸等于凸模尺寸。

当间隙过大,板料在冲裁过程中除受剪切力外还产生较大的拉伸与弯曲变形,冲裁后因材料弹性恢复,将使冲裁件尺寸向实际方向收缩。对于落料件,其尺寸将会小于凹模尺寸;对于冲孔件,其尺寸将会大于凸模尺寸。但因拱弯的弹性恢复方向与以上相反,故偏差值是二者的综合结果。

当间隙过小,板料的冲裁过程中除剪切外还会受到较大的挤压作用,冲裁后材料的弹性恢复使冲裁件尺寸向实体的反方向胀大。对于落料件,其尺寸将会大于凹模尺寸;对于冲孔件,其尺寸将会小于凸模尺寸。

(3) 冲裁件形状误差及其影响因素 冲裁件的形状误差指翘曲、扭曲、变形等缺陷。冲裁件呈曲面不平现象称之为翘曲,它是由于间隙过大、弯矩增大、变形拉伸和弯曲成分增多而造成的,另外材料的各向异性和卷料未矫正也会产生翘曲。冲裁件呈扭歪现象称之为扭曲,它是由于材料的不平、间隙不均匀、凹模后角对材料摩擦不均匀等造成的。冲裁件的变形是由于坯料的边缘冲孔或孔距太小等原因,因胀形而产生的。

关于模具结构对冲裁件质量的影响,将会在后面项目中讲述。

综上所述,用普通冲裁方法所能得到的冲裁件,其尺寸精度与断面质量都不太高。金属冲裁件所能达到的经济精度为 IT14~IT10,要求高的可达到 IT10~IT8,厚料比薄料更差。若要进一步提高冲裁件的质量要求,要在冲裁后加整修工序或采用精密冲裁法。

任务实施 ▶▶▶

如图 2-1 所示零件是采用冲裁模具,通过落料、冲孔工序制造出来的。质量受如下因素影响:

(1) 冲裁件断面质量及其影响因素。

(2) 冲裁件尺寸精度及其影响因素。

(3) 冲裁件形状误差及其影响因素。

任务拓展 ▶▶▶

1. 冲裁间隙对冲裁工艺的影响

(1) 间隙对冲裁件质量的影响:间隙是影响冲裁件质量的主要因素。

(2) 间隙对冲裁力的影响:随间隙的增大冲裁力有一定程度的降低,但影响不是很大。间隙对卸料力、推件力的影响比较显著。随间隙增大,卸料力和推件力都将减小。

（3）间隙对模具寿命的影响：小间隙将使磨损增加，甚至使模具与材料之间产生黏结现象，并引起崩刃、凹模胀裂、小凸模折断、凸凹模相互啃刃等异常损坏。为了延长模具寿命，在保证冲裁件质量的前提下适当采用较大的间隙值是十分必要的。

2. 冲裁模间隙值的确定

主要根据冲裁件断面质量、尺寸精度和模具寿命三个因素综合考虑，给间隙规定一个范围值。考虑到在生产过程中的磨损使间隙变大，故设计与制造新模具时应采用最小合理间隙 c_{min}。间隙值的确定方法主要有如下几种。

（1）理论法确定。

$$c = (t-h_0) \times \tan\beta = t(1-h_0/t) \times \tan\beta$$

（2）表格法。

（3）经验公式法。

任务2　冲裁模具设计流程

▍任务陈述 ▶▶▶

通过本任务的学习，了解并熟悉冲裁工艺及冲裁模具设计流程，学会分析简单冲裁零件的工艺性及其模具设计方法。完成如图 2-10 所示垫片（大批量生产，材料为 08F 号钢板，料厚 $t = 1.6$ mm）的冲裁工艺分析。

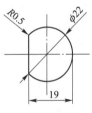

图 2-10　垫片

▍知识准备 ▶▶▶

知识点 1　冲裁工艺设计流程

冲裁工艺设计是针对具体的冲压零件，首先从其生产批量、形状结构、尺寸精度、材料等方面入手，进行冲裁工艺性审查，必要时提出修改意见，然后根据具体生产条件，综合分析研究各方面的影响因素，制订出技术经济性好的冲裁工艺方案。其设计流程如图 2-11 所示，主要包括冲裁件的工艺分析和冲裁工艺方案制订两大方面的内容。

1. 收集并分析有关设计的原始资料

冲裁工艺设计的原始资料主要包括：冲裁件的产品图及技术条件；原材料的尺寸规格、性能及供应状况；产品的生产批量；工厂现有的冲裁设备条件；工厂现有的模具制造条件及技术水平；其他技术资料等。

2. 产品零件的冲裁工艺性分析与审查

冲裁工艺性是指冲裁件对冲裁工艺的适应性,即冲裁件的结构形状、尺寸大小、精度要求及所用材料等方面是否符合冲裁加工的工艺要求。

3. 制订冲裁工艺方案

在冲裁工艺性分析的基础上,拟定出可能的几套冲裁工艺方案,然后根据生产批量和企业现有生产条件,通过对各种方案的综合分析和比较,确定一个技术经济性最佳的工艺方案。

一般说来,制订冲裁工艺方案主要包括以下内容:通过分析和计算,确定冲压加工的工序性质、数量、排列顺序和工序组合方式、定位方式;确定各工序件的形状及尺寸;安排其他非冲裁辅助工序等。

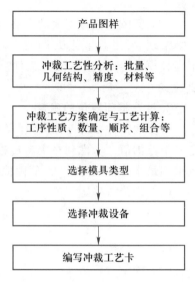

图 2-11　冲裁工艺设计流程

4. 选择模具类型

根据已确定的冲裁工艺方案,综合考虑冲裁件的质量要求、生产批量大小、冲压加工成本以及冲裁设备情况、模具制造能力等生产条件后,选择模具类型,最终确定是采用单工序模,还是复合模或级进模。

5. 选择冲裁设备

冲裁设备选择是工艺设计中的一项重要内容,它直接关系到设备的合理使用、安全生产、产品质量、模具寿命、生产效率及成本等一系列重要问题。设备选择主要包括设备类型和规格两个方面。

6. 冲裁工艺文件的编写

冲裁工艺文件一般以工艺过程卡的形式表示,它综合表达了冲裁工艺设计的具体内容,包括:工序序号、工序名称(或工序说明)、工序简图(半成品形状和尺寸)、模具的结构形式和种类、选定的冲裁设备、工序检验要求、工时定额、板料的规格及毛坯的形状尺寸等。

冲裁件的批量生产中,冲裁工艺过程卡是指导冲裁生产正常进行的重要技术文件,生产中起到组织管理、调度、工序间的协调以及工时定额核算等作用。工艺卡片没有统一的格式,一般按照简明扼要且有利于生产管理的原则进行制订。

知识点 2　冲压模具设计流程

冲压模具设计是在详细了解冲压件的技术要求并进行冲压工艺分析、确定冲压工艺方案及掌握现场生产条件的基础上,对冲压件所需要的模具提供制造图样的全部工作过程。它以冲压工艺设计为依据,以良好的技术经济性实现冲压工艺过程为目的。

冲压模具设计流程如图 2-12 所示。

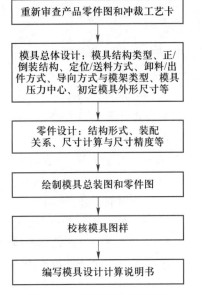

图 2-12　冲压模具设计流程

任务实施 >>>

分析图 2-10 所示垫片零件的冲压工艺。已知：生产批量为大批量，材料为 08F，料厚 $t=1.6$ mm。

1. 冲压工艺设计

（1）冲裁件工艺分析。

① 材料：08F 钢板是优质碳素结构钢，具有良好的可冲压性能。

② 工件结构形状：工件形状简单，圆角 $R0.5$ 满足最小圆角半径要求。

③ 尺寸精度：零件图上所有尺寸均未标注公差，属自由尺寸，可按 IT14 级确定工件尺寸的公差。经查公差表，各尺寸公差为：$\phi 22_{-0.52}^{0}$ mm、$\phi 19_{-0.52}^{0}$ mm。

结论：可以冲裁。

（2）确定工艺方案：单工序落料。

（3）选择模具类型、总体结构形式。

经分析，工件尺寸精度要求不高，形状不大，但工件产量较大，为提高模具寿命，安装、操作方便，采用导柱式单工序模。采用弹性卸料，导料销送料导向方式，固定挡料销送料钉距方式。

（4）工艺设计计算。

① 排样：计算条料宽度，确定步距。

首先查表确定搭边值，后面进行详述。根据零件形状，两工件间按圆形取搭边值 $a_1=1.5$ mm，侧边按圆形取搭边值 $a=2$ mm。模具进料步距为 20.5 mm。

条料宽度按相应的公式计算：

$$B=(D+2a)_{-\Delta}$$

查表得　$\Delta=0.5$

$$B=(22+2\times2)_{-0.5} \text{ mm}=26_{-0.5} \text{ mm}$$

画出排样图，如图 2-13 所示。

一个步距内材料利用率 η 为：$\eta=\dfrac{A}{BS}\times$

$100\%=\dfrac{349}{26\times20.5}\times100\%=65.5\%$

式中，B——条料宽度/mm；

　　　A——冲裁件面积/mm^2；

　　　S——进料步距/mm。

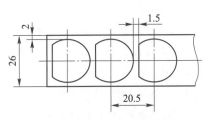

图 2-13　排样图

② 计算总冲压力。

由于冲模采用弹性卸装置和自然漏料方式,故总冲压力为:

$$F_Z = F + F_X + F_T$$

式中,F——落料时的冲裁力/F;

F_X——卸料力/F;

F_T——推件力/F。

按公式计算冲裁力:$F = KLt\tau_b$

查 $\tau_b = 300$ MPa

式中,K——安全系数,一般取 1.3;

L——冲裁周边总长/mm;

t——材料厚度/mm;

τ_b——材料抗剪强度/MPa。

$$F = (1.3 \times 22 \times 3.14 \times 1.6 \times 300) N = 43\ 105.9\ N = 43.1\ kN$$

按推件力公式计算推件力 F_T:

$$n = h/t$$

$$F_T = nK_T F$$

本例中,取 $n = 5$,查表,$K_T = 0.055$。

$$F_T = nK_T F = 5 \times 0.055 \times 43.1\ kN = 11.85\ kN$$

按卸料力公式计算卸料力 F_X:

$$F_X = K_X F$$

查表,$K_X = 0.04$。

$$F_X = K_X F = 0.04 \times 43.1\ kN = 1.72\ kN$$

式中,n——阻塞在凹模内的制件数量;

h——直刃口部分高度/mm;

K_T——推件力系数,其值为 0.03~0.07(薄料取值更大);

K_X——卸料力系数,其值为 0.02~0.06(薄料取值更大)。

计算总冲压力 F_Z:$F_Z = F + F_X + F_T = (43.1 + 1.72 + 11.85) kN = 56.67\ kN$

③ 确定压力中心

根据零件图分析,其压力中心在水平对称线上圆心偏右位置,偏离圆心不足 2,模具设计时模柄中心不与压力中心重合而通过 $\phi22$ mm 的圆心,对制件质量和模具寿命影响不大,所以压力中心可省略计算,近似认为是 $\phi22$ mm 的圆心。

(5)选择冲裁设备。

① 冲裁设备类型选择:选择开式曲柄压力机。

② 冲裁设备规格选择:初选压力机 J23-16(根据现场情况),最大闭合高度 $H_{max} = 220$ mm,最小闭合高度 $H_{min} = 160$ mm,垫板厚度 $H_1 = 60$ mm。

(6)制订冲压工艺规程。

不同企业冲压工艺规程有不同的模板样式,但都大同小异,下面举一个例子供参考。

车间									产品型号	

工 艺 规 程

零件名称　　垫片　　　　零件号_____

（连封面共　5　页）
（另附对照表　　页）

工艺室主任_____　　　车间主任_____

主管工艺员_____　　　总工艺师_____

年　　月　　日　　批准

车间	工作程序	型号	材料	毛料种类	零件名称	零件号	第2页
				板料			共5页

工序号	工序名称	工作地	页次	设备名称	设备类型	工作等级	工时定额	附注
1	切料			剪床				
2	冲裁			开式双柱可倾冲床	J23-16			
3	去毛刺							
4	检验			游标卡尺等				

更改单号	编号	签字	日期	更改单号	编号	签字	日期	工艺员	车间主任
								工艺组长	主管工艺师
								工艺室主任	

车间	切料图表		型号	零件名称		零件号		工序号	第 3 页
				止动件				1	共 5 页

材料		硬度	
分类		设备名称	剪床
技术条件		设备型别	
编号	内容	尺码	重量
1	原料尺寸	1 000×900	
2	分成条料尺寸	1 000×26	
3	分成条料的数量	34	
4	条料制成零件的数量	48	
5	材料利用率/%	65.5%	

更改单号	编号	签字	日期	更改单号	编号	签字	日期	工艺员		车间主任	
								工艺组长		主管工艺师	
								工艺室主任			

车间	冲裁图表		型号	零件名称		零件号		工序号	第 4 页
				止动件				1	共 5 页

材料		硬度	
分类		设备名称	开式曲柄压力机
技术条件		设备型别	
编号	内容	尺码	重量
1	冲裁		
2			
3			
4			
5			

更改单号	编号	签字	日期	更改单号	编号	签字	日期	工艺员		车间主任	
								工艺组长		主管工艺师	
								工艺室主任			

车间	检验图表	型号	零件名称		零件号		工序号	第 5 页
			止动件				4	共 5 页
				材料		硬度		
				项目号	检验内容		检验工具	
				1	各主要尺寸		游标卡尺	

R0.5　φ22　19

更改单号	编号	签字	日期	更改单号	编号	签字	日期	工艺员		车间主任	
								工艺组长		主管工艺师	
								工艺室主任			

2. 冲压模具设计

（1）重新审查产品零件图和冲压工艺卡。

（2）模具总体设计：正装、单工序落料模，采用导柱导向、后侧导柱模架，弹性卸料下出件方式，导料销送料导向方式，固定挡料销送料钉距方式。

（3）模具零部件设计。

① 凹模设计。

a. 冲模刃口尺寸及公差的计算。

按凸、凹模图样分别加工法，此零件为落料件，计算公式为：

$$D_A = (D_{max} - x\Delta)_0^{+\delta_A}$$

$$D_T = (D_A - Z_{min})_{-\delta_T}^0 = (D_{max} - x\Delta - Z_{min})_{-\delta_T}^0$$

查表，得：$C_{max} = 0.27$ mm，$C_{min} = 0.17$ mm，$\delta_A = 0.025$ mm，$\delta_T = 0.02$ mm，$x = 0.5$。

最终确定冲裁性质为落料，工件尺寸为 $\phi 22_{-0.52}^0$ mm、$19_{-0.52}^0$ mm，凹模尺寸注法为 $\phi 21.74_0^{+0.025}$ mm、$18.74_0^{+0.025}$ mm，凸模尺寸注法为 $\phi 21.57_{-0.02}^0$ mm、$18.57_{-0.02}^0$ mm。

b. 凹模外形尺寸的确定。

凹模厚度 H 的确定：$H = kb(\geqslant 15)$，查表得 $k = 0.5$，$H = 0.5 \times 22$ mm $= 11$ mm，取 $H = 25$ mm。

式中，b——冲裁件最大外形尺寸/mm；

k——板料厚度影响系数。

凹模壁厚：$C = (1.5 \sim 2) H (\geqslant 30 \sim 40)$，$C = (1.5 \sim 2) \times 11 \text{ mm} = (16.5 \sim 22) \text{ mm}$，取 $C = 30 \text{ mm}$。

垂直于送料方向的凹模宽度 $B = (22 + 30 \times 2) \text{ mm} = 82 \text{ mm}$。

送料方向凹模长度 $L = (19 + 30 \times 2) \text{ mm} = 79 \text{ mm}$。

综合考虑：$H = 25 \text{ mm}$、$L = 80 \text{ mm}$、$B = 80 \text{ mm}$。

② 凸模设计。

采用固定板固定，凸模长度计算公式为：

$$L = h_1 + h_2 + t + h$$

式中，h_1——凸模固定板厚/mm；

    h_2——卸料板厚/mm；

    t——材料厚度/mm，本任务中 $t = 1.6$；

    h——增加长度，包括凸模的修磨量、凸模进入凹模的深度（0.5 ~ 1）、凸模固定板与卸料板之间的安全距离等，一般取 10 ~ 20。

$$L = (25 + 10 + 1.6 + 18.4) \text{ mm} = 55 \text{ mm}$$

③ 凸模固定板设计。

厚度 $h_1 = 25 \text{ mm}$，平面尺寸可参考凹模尺寸，也可根据实际情况自行设计。取平面尺寸为 60 mm×80 mm。

④ 垫板设计。

垫板外形尺寸与固定板相同，厚度一般取 3 ~ 10 mm。垫板尺寸为 60 mm×80 mm×5 mm。

⑤ 卸料装置的设计采用弹簧弹性卸料装置。

a. 卸料板的设计：110 mm×80 mm×10 mm

b. 卸料弹簧选择计算：根据模具结构，选择四根弹簧，规格为 4.0 mm×22 mm×70 mm。选择计算参考后面卸料装置的设计。

⑥ 定位零件的设计。

a. 采用导料螺钉导料，导料螺钉安装于下模板后侧（从右向左送料），规格为 M8×45 mm。

b. 采用固定挡料销定距，挡料销安装于凹模上平面，规格为 A12×6 mm×3 mm。

⑦ 选择模架。

一般根据凹模周界尺寸选择模架，本项目卸料板周界尺寸最大。根据卸料板周界尺寸及初选压力机装模高度，初选模架规格为 125 mm×80 mm×(140 ~ 165) mm。

⑧ 模柄选择。

选用压入式模柄，根据初选的压力机及模架，选择模柄规格为 A30×78 mm。

⑨ 螺钉与销钉选择。

选用内六角螺钉，规格为 M10×35 mm，销钉规格为 ϕ10×40 mm。

（4）校核压力机安装尺寸：

模座外形尺寸为 194 mm×145 mm，模具闭合高度为 153 mm，J23-16 压力机工作台尺寸为 450 mm×300 mm，最大装模高度为 160 mm，最小装模高度为 100 mm，模具可以安装。另外还要注意垫板孔的尺寸、模柄孔的尺寸。

（5）设计并绘制总装图、选取标准件：

按已确定的模具形式及参数，根据选取的标准模架绘制垫片落料模具总装图，如图 2-14 所示。

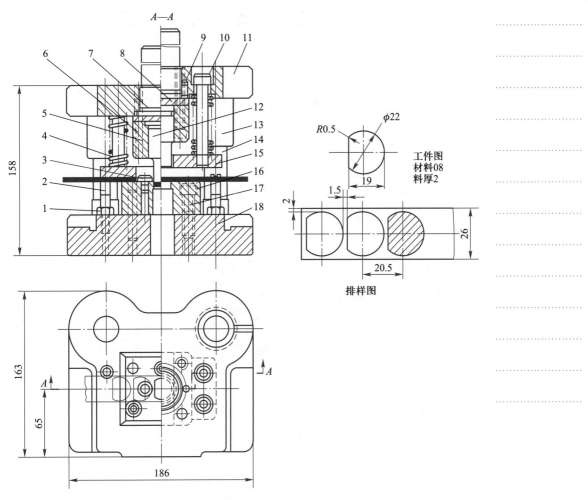

图 2-14　垫片落料模具总装图

1—落帽；2—导料螺钉；3—挡料销；4—弹簧；5—凸模固定板；6—销钉；7—模柄；8—垫板；9—止动销；
10—卸料螺钉；11—上模座；12—凸模；13—导套；14—导柱；15—卸料板；
16—凹模；17—内六角螺钉；18—下模座

任务拓展

（1）凹模零件图如图 2-15 所示。

（2）凸模零件图如图 2-16 所示。

（3）垫板零件图如图 2-17 所示。

（4）卸料板零件图如图 2-18 所示。

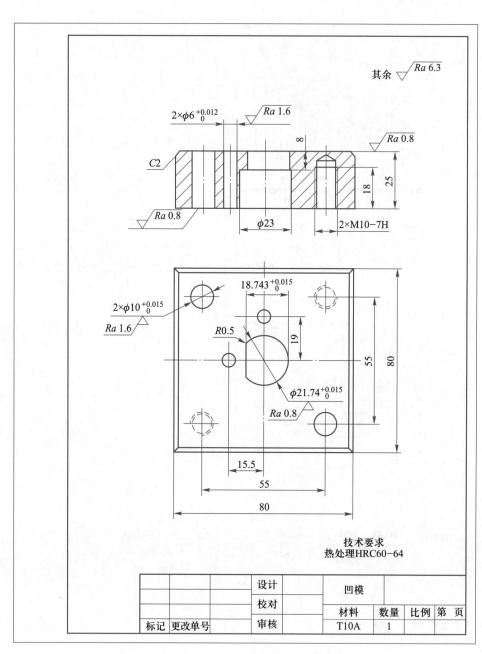

图 2-15　凹模零件图

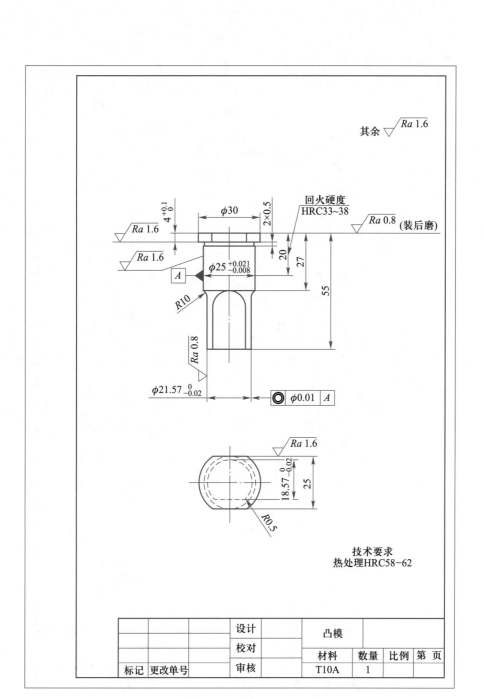

图 2-16　凸模零件图

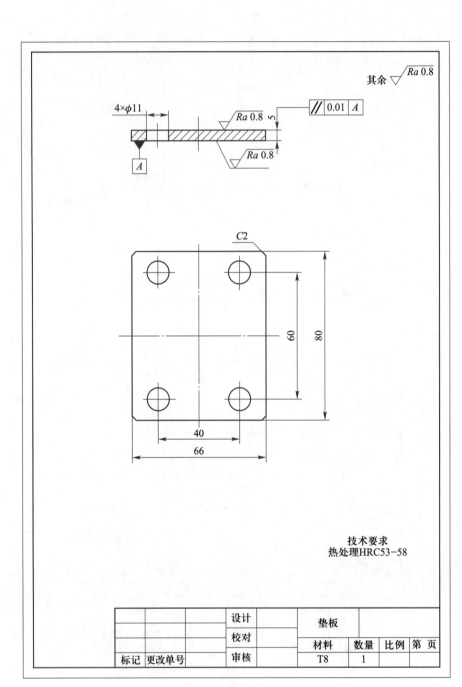

图 2-17 垫板零件图

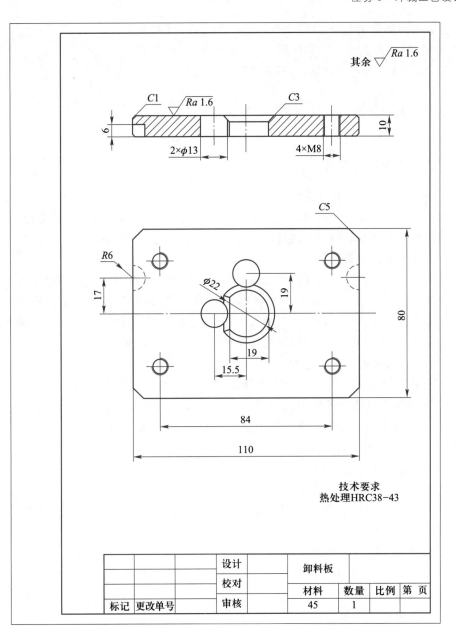

图 2-18 卸料板零件图

任务3 冲裁工艺设计

任务陈述 >>>

通过本任务的学习,熟悉冲裁件的结构工艺性、精度等的分析方法,掌握冲裁

39

工艺方案的确定方法。如图 2-19 所示连接板,材料为 10 号钢,厚度为 2 mm,该零件年产量 20 万件,冲压设备初选为 250 kN 开式压力机,为其制订冲压工艺方案。

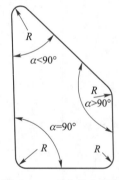

图 2-19　连接板

📶 知识准备 ➤➤➤

知识点　冲裁工艺设计

冲裁工艺设计包括冲裁件的工艺性和冲裁工艺方案确定。良好的工艺性和合理的工艺方案,可以用最少的材料、工序数和工时,简化模具结构并延长寿命,获得合格冲件。所以劳动量和冲裁件成本是衡量冲裁工艺设计合理性的主要指标。

1. 冲裁件工艺分析

冲裁件的工艺性是指冲裁件对冲裁工艺的适应性。冲裁工艺性好是指能用普通冲裁方法,在模具寿命和生产率较高、成本较低的条件下得到质量合格的冲裁件。因此,冲裁件的结构形状、尺寸大小、精度等级、材料及厚度等是否符合冲裁的工艺要求,对冲裁件质量、模具寿命和生产效率有很大影响。

(1) 冲裁件的结构工艺性

① 冲裁件的形状:应力求简单、对称,有利于材料的合理利用。

② 冲裁件内形及外形的转角:转角处要尽量避免尖角,应以圆弧过渡,如图 2-20 所示,便于模具加工,减少热处理开裂,减少冲裁时尖角处的崩刃和过快磨损。圆角半径 R 的最小值,参照表 2-3 选取。

③ 冲裁件的凸出悬臂和凹槽:尽量避免冲裁件上过长的凸出悬臂和凹槽,悬臂和凹槽宽度也不宜过小,其许可值如图 2-21(a) 所示。

④ 冲裁件的孔边距与孔间距:为避免工件变形和保证模具强度,孔边距和孔间距不能过小。其最小许可值如图 2-21(a) 所示。

⑤ 在弯曲件或拉深件上冲孔时,孔边与直壁之间应保持一定距离,以免冲孔时凸模受水平推力而折断,如图 2-21(b) 所示。

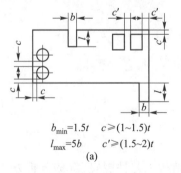

$b_{min}=1.5t$　$c \geqslant (1 \sim 1.5)t$
$l_{max}=5b$　$c' \geqslant (1.5 \sim 2)t$

(a)

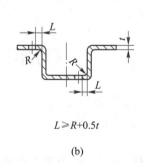

$L \geqslant R+0.5t$

(b)

图 2-21　冲裁件的结构工艺

表 2-3 冲裁最小圆角半径

零件种类		黄铜、铝	合金铜	软钢	备注/mm
落料	交角≥90°	0.18t	0.35t	0.25t	>0.25
	交角<90°	0.35t	0.70t	0.5t	>0.5
冲孔	交角≥90°	0.2t	0.45t	0.3t	>0.3
	交角<90°	0.4t	0.9t	0.6t	>0.6

⑥ 冲孔时,因受凸模强度的限制,孔的尺寸不应太小,否则凸模易折断或压弯。用无导向凸模和有导向凸模所能冲孔的最小尺寸,分别见表 2-4 和表 2-5。

表 2-4 无导向凸模冲孔的最小尺寸

材料	表 2.7.2-1 图	表 2.7.2-2 图	表 2.7.2-3 图	表 2.7.2-4 图
钢 τ>685 MPa	d≥1.5t	b≥1.35t	b≥1.2t	b≥1.1t
钢 τ≈390~685 MPa	d≥1.3t	b≥1.2t	b≥1.0t	b≥0.9t
钢 τ≈390 MPa	d≥1.0t	b≥0.9t	b≥0.8t	b≥0.7t
黄铜、铜	d≥0.9t	b≥0.8t	b≥0.7t	b≥0.6t
铝、锌	d≥0.8t	b≥0.7t	b≥0.6t	b≥0.5t

注:t 为板料厚度,τ 为抗剪强度。

表 2-5 有导向凸模冲孔的最小尺寸

材料	圆形(直径 d)	矩形(孔宽 b)
硬钢	0.5t	0.4t
软钢及黄铜	0.35t	0.3t
铝、锌	0.3t	0.28t

注:t 为板料厚度。

(2) 冲裁件的尺寸精度和表面粗糙度 冲裁件的精度一般可分为精密级与经济级两类。精密级是指冲压工艺在技术上所允许的最高精度,而经济级是指模具达到最大许可磨损时,其所完成的冲压加工在技术上可以实现而在经济上又最合理的精度,即所谓经济精度。为降低冲压成本,获得最佳的技术经济效果,在不影响冲裁件使用要求的前提下,应尽可能采用经济精度。

① 冲裁件的经济公差等级不高于 IT11 级,一般要求落料件公差等级最好低于 IT10 级,冲孔件最好低于 IT9。冲裁得到的工件公差见表 2-6、表 2-7。如果工件要求的公差值小于表值,冲裁后需整修或采用精密冲裁。

表 2-6　冲裁件外形与内孔尺寸公差 Δ　　　　　　　mm

料厚 t	工件尺寸							
	一般精度的工件				较高精度的工件			
	<10	≥10~50	≥50~150	≥150~300	<10	≥10~50	≥50~150	≥150~300
0.2~0.5	$\frac{0.08}{0.05}$	$\frac{0.10}{0.08}$	$\frac{0.14}{0.12}$	0.20	$\frac{0.025}{0.02}$	$\frac{0.03}{0.04}$	$\frac{0.05}{0.08}$	0.08
0.5~1	$\frac{0.12}{0.05}$	$\frac{0.16}{0.08}$	$\frac{0.22}{0.12}$	0.30	$\frac{0.03}{0.02}$	$\frac{0.04}{0.04}$	$\frac{0.06}{0.08}$	0.10
1~2	$\frac{0.18}{0.06}$	$\frac{0.22}{0.10}$	$\frac{0.30}{0.16}$	0.50	$\frac{0.03}{0.03}$	$\frac{0.06}{0.06}$	$\frac{0.08}{0.10}$	0.12
2~4	$\frac{0.24}{0.08}$	$\frac{0.28}{0.12}$	$\frac{0.40}{0.20}$	0.70	$\frac{0.06}{0.04}$	$\frac{0.08}{0.08}$	$\frac{0.10}{0.12}$	0.15
4~6	$\frac{0.30}{0.10}$	$\frac{0.31}{0.15}$	$\frac{0.50}{0.25}$	1.0	$\frac{0.08}{0.05}$	$\frac{0.12}{0.10}$	$\frac{0.15}{0.15}$	0.20

注:1. 分子为外形公差,分母为内孔公差。

2. 一般精度的工件采用 IT8~IT7 级精度的普通冲裁模;较高精度的工件采用 IT7~IT6 级精度的高级冲裁模。

表 2-7　冲裁件孔中心距公差 Δ　　　　　　　mm

料厚 t	普通冲裁			高级冲裁		
	孔距尺寸			孔距尺寸		
	<50	≥50~150	≥150~300	<50	≥50~150	≥150~300
<1	±0.10	±0.15	±0.20	±0.03	±0.05	±0.08
1~2	±0.12	±0.20	±0.30	±0.04	±0.06	±0.10
2~4	±0.15	±0.25	±0.35	±0.06	±0.08	±0.12
4~6	±0.20	±0.30	±0.40	±0.08	±0.10	±0.15

注:适用于本表数值所指的孔应同时冲出。

② 冲裁件的断面粗糙度与材料塑性、材料厚度、冲裁模间隙、刃口锐钝以及冲模结构等有关。当冲裁厚度为 2 mm 以下的金属板料时,其断面粗糙度 Ra 一般可达 12.5~3.2 μm。

(3) 冲裁件尺寸标注　冲裁件尺寸的基准应尽可能与其冲压时的定位基准重合,并选择在冲裁过程中基本上下不变动的面或线上。如图 2-22(a)所示的尺寸标注,对孔距要求较高的冲裁件是不合理的。因为当两孔中心距要求较高时,尺寸 B 和 C 标注的公差等级高,而模具(同时冲孔与落料)的磨损,使尺寸 B 和 C 的精度难以达到要求。改用图 2-22(b)所示的标注方法比较合理,这时孔中心距尺寸不再受模具磨损的影响。冲裁件两孔中心距所能达到的公差见表 2-7。

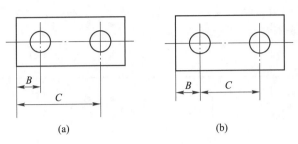

(a)   (b)

图 2-22   冲裁件尺寸标注

2. 冲裁工艺方案的确定

在冲裁工艺性分析的基础上,根据冲件的特点确定冲裁工艺方案。首先要考虑的问题是确定冲裁的工序数、冲裁工序的组合以及冲裁工序顺序的安排。冲裁工序数一般容易确定,关键是确定后两者。

(1) 冲裁工序的组合   冲裁工序的组合方式可分为单工序冲裁、级进冲裁和复合冲裁。所使用的模具对应为单工序模、级进模、复合模。

一般复合冲裁工序比单工序冲裁生产效率高,加工的精度等级高。冲裁工序的组合方式可根据下列因素确定:

① 根据生产批量来确定   一般来说,小批量和试制生产采用单工序模,中、大批量生产采用复合模或级进模,生产批量与模具类型的关系见表 2-8。

表 2-8   生产批量与模具类型的关系

项目	生产批量				
	单件	小批	中批	大批	大量
大型件 中形件 小型件	<1	1~2 1~5 1~10	>2~20 >5~50 >10~100	>20~300 >50~100 >100~500	>300 >1 000 >5 000
模具类型	单工序模 组合模 简易模	单工序模 组合模 简易模	单工序模 级进模、复合模 半自动模	单工序模 级进模、复合模 自动模	硬质合金级连续、 复合模、自动模

注:表内数字为每年班产量数值,单位为千件。

② 根据冲裁件尺寸和精度等级来确定   复合冲裁所得到的冲裁件尺寸精度等级高,避免了多次单工序冲裁的定位误差,并且在冲裁过程中可以进行压料,冲裁件较平整。级进冲裁比复合冲裁精度等级低。

③ 根据对冲裁件尺寸形状的适应性来确定   冲裁件的尺寸较小时,考虑到单工序送料不方便且生产效率低,常采用复合冲裁或级进冲裁。对于尺寸中等的冲裁件,由于制造多副单工序模具的费用比复合模昂贵,则采用复合冲裁;当冲裁件上的孔与孔之间或孔与边缘之间的距离过小,不宜采用复合冲裁或单工序冲裁,宜采用级进冲裁。所以级进冲裁可以加工形状复杂、宽度很小的异形冲裁件,且可冲

裁的材料厚度比复合冲裁时要厚,但级进冲裁受压力机工作台面尺寸与工序数的限制,冲裁件尺寸不宜太大,参见表2-9。

表2-9 各种冲裁模的对比关系

模具种类 比较项目	单工序模		级进模	复合模
	无导向	有导向		
零件公差等级	低	一般	可达 IT13~IT10 级	可达 IT10~IT8 级
零件特点	尺寸、厚度不限	中小型尺寸,厚度较厚	小型件,$t=0.2\sim6$ mm 可加工复杂零件,如宽度极小的异形件、特殊形状零件	形状与尺寸受模具结构与强度的限制,尺寸可以较大,厚度可达3 mm
零件平面度	差	一般	中、小型件不平直,高质量工件需校平	由于压料冲裁的同时得到了校平,冲件平直且有较好的剪切断面
生产效率	低	较低	工序间自动送料,可以自动排除冲件,生产效率高	冲件被顶到模具工作面上时,必须用手工或机械排除,生产效率稍低
使用高速自动冲床的可能性	不能使用	可以使用	可以在行程次数为每分钟400次或更多的高速压力机上工作	操作时出件困难,可能损坏弹簧缓冲机构,不做推荐
安全性	不安全,需采取安全措施		比较安全	不安全,需采取安全措施
多排冲压法的应用			广泛采用于尺寸较小的冲件	很少采用
模具制造工作量和成本	低	比无导向的稍高	冲裁较简单的零件时,比复合模低	冲裁复杂零件时,比级进模低

④ 根据模具制造安装调整的难易和成本的高低来确定 对复杂形状的冲裁件来说,采用复合冲裁比采用级进冲裁合适,因为模具制造安装调整比较容易,且成本较低。

⑤ 根据操作是否方便与安全来确定 复合冲裁的出件或清除废料较困难,工作安全性较差,级进冲裁较安全。

综上所述,对于一个冲裁件,可以得出多种工艺方案。必须对这些方案进行比较,选取在满足冲裁件质量与生产率的要求下,模具制造成本较低、模具寿命较高、操作较方便且安全的工艺方案。

（2）多工序冲裁件用单工序冲裁时的顺序安排

① 先落料使坯料与条料分离,再冲孔或冲缺口。后续工序的定位基准要一致,以避免定位误差和尺寸链换算。

② 冲裁大小不同、相距较近的孔时,为减少孔的变形,应先冲大孔后冲小孔。工艺方案确定之后,需要进行必要的工艺计算和粗选设备,为模具设计提供必要的依据。

任务实施 ▷▷▷

为图 2-19 所示连接板零件制订冲压工艺方案。已知:该零件年产量 20 万件,材料为 10 号钢,厚度为 2 mm,冲压设备选用 250 kN 开式压力机。

1. 分析零件的冲压工艺性

（1）材料　10 号钢是优质碳素结构钢,具有良好的冲压性能。

（2）工件结构　该零件形状简单,孔边距远大于凸凹模允许的最小壁厚,故可以考虑采用复合冲压工序。

（3）尺寸精度　零件图上孔心距 40±0.15 mm,属于 IT12 级,其余尺寸未标注公差,属自由尺寸,按 IT14 级确定工件的公差,一般冲压均能满足其尺寸精度要求。

（4）结论　可以冲裁。

2. 确定冲压工艺方案

该零件包括落料、冲孔两个基本工序,可有以下三种工艺方案:

方案一:先落料,后冲孔,采用单工序模生产。

方案二:落料—冲孔复合冲压,采用复合模生产。

方案三:冲孔—落料连续冲压,采用级进模生产。

方案一的模具结构简单、但需两道工序两副模具,生产率较低,难以满足该零件的年产量要求。方案二只需一副模具,冲压件的形位精度和尺寸精度容易保证,且生产率也高。尽管模具结构较方案一复杂,但由于零件的几何形状简单对称,模具制造并不困难。方案三也只需要一副模具,生产率也很高,但零件的冲压精度稍差。欲保证冲压件的形位精度,需要在模具上设置导正销导正,故模具制造、安装较复合模复杂。

结论:通过对上述三种方案的分析比较,该件的冲压生产采用方案二为佳。

任务拓展 ▷▷▷

级进冲裁顺序的安排:

① 先冲孔或冲缺口,最后落料或切断,将冲裁件与条料分离。首先冲出的孔

可作后续工序的定位孔。当定位也要求较高时,可冲裁专供定位使用的工艺孔(一般为两个),如图2-23所示。

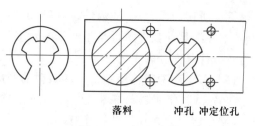

② 采用定距侧刃时,定距侧刃切边工序安排与首次冲孔同时进行,以便控制送料进距。采用两个定距侧刃时,可以安排成一前一后,也可并列安排。

图 2-23 级进冲裁

任务4 冲裁模具典型结构

任务陈述 >>>

通过本任务的学习,了解各种冲裁模具的结构及工作过程,熟悉单工序冲裁模具、复合工序冲裁模具、级进工序冲裁模具结构,建立冲裁工艺方案与模具之间的联系。清楚如图2-24所示的几个冲压件,是用什么样的模具制作出来的?在这个任务中我们一起来认识这些典型的模具结构。

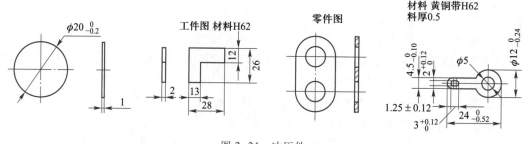

图 2-24 冲压件

知识准备 >>>

知识点 冲裁模的典型结构

冲裁模是冲压生产中不可缺少的工艺装备,良好的模具结构是实现工艺方案的可靠保证。冲压零件的质量好坏和精度高低,主要决定于冲裁模的质量和精度。冲裁模结构是否合理、先进,直接影响到生产效率及冲裁模本身的使用寿命和操作的安全、方便性等。

由于冲裁件形状、尺寸、精度和生产批量及生产条件不同,冲裁模的结构类型也不同,本任务主要讨论冲压生产中常见的典型冲裁模类型和结构特点。

1. 单工序冲裁模

单工序冲裁模是指在压力机一次行程内只完成一个冲压工序的冲裁模,如落料模、冲孔模、切边模、切口模等。

(1) 落料模

① 无导向单工序落料模:如图 2-25 所示是无导向单工序落料模。工作零件为凸模 2 和凹模 5,定位零件为两个导料板 4 和定位板 7,导料板 4 对条料送进起导向作用,定位板 7 限制条料的送进距离;卸料零件为两个固定卸料板 3;支承零件为上模座(带模柄)1 和下模座 6;此外还有紧固螺钉等。上、下模之间没有直接导向关系,分离后的冲件靠凸模直接从凹模洞口依次推出,箍在凸模上的废料由固定卸料板刮下。

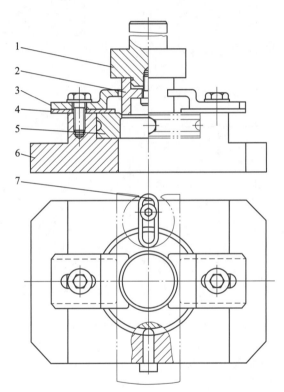

图 2-25　无导向单工序落料模

1—上模座;2—凸模;3—固定卸料板;4—导料板;5—凹模;6—下模座;7—定位板

该模具具有一定的通用性,通过更换凸模和凹模,调整导料板、定位板,卸料板位置,可以冲裁不同冲件。另外,改变定位零件和卸料零件的结构,还可用于冲孔,即成为冲孔模。

无导向冲裁模的特点是结构简单,制造容易,成本低。但安装和调整凸、凹模之间间隙较麻烦,冲裁件质量差,模具寿命低,操作不够安全。因而,无导向单工序冲裁模适用于冲裁精度要求不高、形状简单、批量小的冲裁件。

② 导板式单工序落料模:如图 2-26 所示为导板式单工序落料模。其上、下

模的导向是依靠导板 9 与凸模 5 的间隙配合（一般为 H7/h6）进行的,故称导板模。

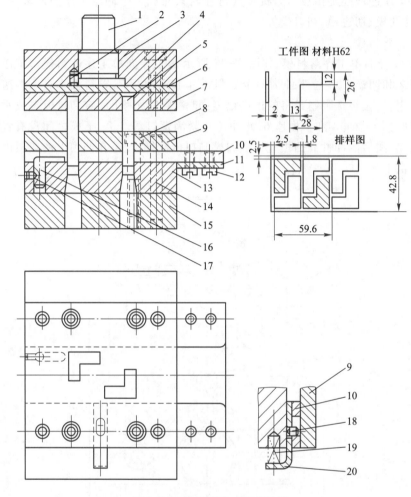

图 2-26 导板式单工序落料模

1—模柄;2—止动销;3—上模座;4、8—内六角螺钉;5—凸模;6—垫板;7—凸模固定板;
9—导板;10—导料板;11—承料板;12—螺钉;13—凹模;14—圆柱销;15—下模座;
16—固定挡料销;17—止动销;18—限位销;19—弹簧;20—始用挡料销

冲模的工作零件为凸模 5 和凹模 13;定位零件为导料板 10 和固定挡料销 16、始用挡料销 20;导向零件是导板 9(兼起固定卸料板作用);支承零件是凸模固定板 7、垫板 6、上模座 3、模柄 1、下模座 15;此外还有紧固螺钉、销钉等。根据排样的需要,这副冲模的固定挡料销所设置的位置对首次冲裁起不到定位作用,为此采用了始用挡料销 20。在首件冲裁之前,用手将始用挡料销压入,以限定条料的位置,在以后各次冲裁中,放开始用挡料销,始用挡料销被弹簧弹出,不再起挡料作用,而靠固定挡料销对条料定位。

这副冲模的冲裁过程如下:当条料沿导料板 10 送到始用挡料销 20 时,凸模 5 由导板 9 导向而进入凹模,完成了首次冲裁,冲下一个零件。条料继续送至固定挡料销 16 时,进行第二次冲裁,第二次冲裁时落下两个零件。此后,条料继续送进,其送进距离就由固定挡料销 16 来控制了,而且每一次冲压都是同时落下两个零件,分离后的零件靠凸模从凹模洞口中依次推出。

这种冲模的主要特征是凸、凹模的正确配合是依靠导板导向。为了保证导向精度和导板的使用寿命,工作过程不允许凸模离开导板,为此,要求压力机行程较小。根据这个要求,选用行程较小且可调节的偏心式冲床较合适。在结构上,为了拆装和调整间隙的方便,固定导板的两排螺钉和销钉内缘之间距离(见俯视图)应大于上模相应的轮廓宽度。

导板式单工序落料模比无导向单工序模的精度高,寿命也较长,使用时安装较容易,卸料可靠,操作较安全,轮廓尺寸也不大。导板模一船用于冲裁形状比较简单、尺寸不大、厚度大于 0.3 mm 的冲裁件。

③ 有导向的单工序落料模:如图 2-27 所示是导柱式导向落料模常用经典结构。这种冲模的上、下模正确位置是利用导柱 5、导套 6 的导向来保证。凸、凹模在进行冲裁之前,导柱已经进入导套,从而保证了冲裁过程中凸模 13 和凹模 3 之间间隙的均匀性。这种结构同样也适用于冲孔模。

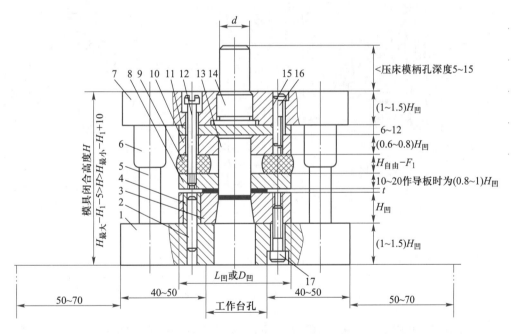

图 2-27　导柱式导向落料模常用经典结构

1—下模座;2、15—销钉;3—凹模;4—套;5—导柱;6—导套;7—上模座;

8—卸料板;9—橡胶;10—凸模固定板;11—垫板;12—卸料螺钉;13—凸模;

14—模柄;16、17—螺钉

（2）冲孔模　冲孔模的结构与一般落料模相似,但冲孔模有自己的特点,冲孔模的对象是已经落料或其他冲压加工后的半成品,所以冲孔模要解决半成品在模具上如何定位、如何使半成品放进模具以及冲好后取出既方便又安全的问题;而冲小孔模具,必须考虑凸模的强度和刚度,以及快速更换凸模的结构;成形零件上侧壁孔冲压时,必须考虑凸模水平运动方向的转换机构等。

① 导柱式冲孔模:如图 2-28 所示是导柱式冲孔模。冲件上的所有孔一次全部冲出,是多凸模的单工序冲裁模。由于工序件是经过拉深的空心件,而且孔边与侧壁距离较近,因此采用工序件口部朝上,用定位圈 5 实现外形定位,以保证凹模有足够强度。但增加了凸模长度,设计时必须注意凸模的强度和稳定性。如果孔边与侧壁距离大,则可使工序件口部朝下,利用凹模实现内形定位。该模具采用弹性卸料装置,除卸料作用外,该装置还可保证冲孔零件的平整,提高零件的质量。

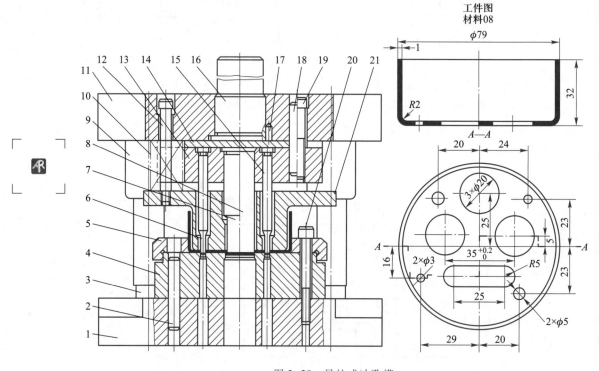

图 2-28　导柱式冲孔模

1—上模座;2、18—圆柱销;3—导柱;4—凹模;5—定位圈;6、7、8、15—凸模;9—导套;10—弹簧;
11—下模座;12—卸料螺钉;13—凸模固定板;14—垫板;16—模柄;17—止动销;
19、20—内六角螺钉;21—卸料板

如图 2-29 所示为导板式侧面冲孔模。模具的最大特征是凹模 6 嵌入悬壁式的凹模体 7 上,凸模 5 靠导板 11 导向,以保证与凹模的正确配合。凹模体 7 固定在支架 8 上,并以销钉 12 固定,防止转动。支架与底座 9 以 H7/h6 配合,并以螺钉紧固。凸模与上模座 3 用螺钉 4 紧固,更换较方便。

工序件的定位方法如下:径向和轴向以悬臂凹模体和支架定位;孔距定位由定位销 2、摇臂 1 和压缩弹簧 13 组成的定位器来完成,保证冲出的六个孔沿圆周均匀分布。

冲压开始前,拨开定位器摇臂,将工序件套在凹模体上,然后放开摇臂,凸模下冲,即冲出第一个孔。随后转动工序件,使定位销落入已冲好的第一个孔内,接着

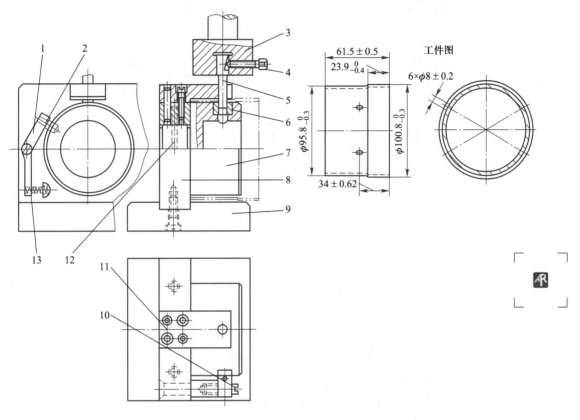

图 2-29　导板式侧面冲孔模

1—摇臂；2—定位销；3—上模座；4—螺钉；5—凸模；6—凹模；7—凹模体；8—支架；
9—底座；10—螺钉；11—导板；12—销钉；13—压缩弹簧

冲第二个孔。用同样的方法冲出其他孔。

　　这种模具结构紧凑，重量轻，但在压力机一次行程内只冲一个孔，生产效率低，如果孔较多，孔距积累误差较大。因此，这种冲孔模主要用于生产批量不大、孔距要求不高的小型空心件的侧面冲孔或冲槽。

　　② 冲侧孔模：如图 2-30 所示是斜楔式水平冲孔模。该模具的最大特征是依靠斜楔 1 把压力机滑块的垂直运动变成滑块 4 的水平运动，从而带动凸模 5 在水平方向进行冲孔。凸模与凹模 6 地对准依靠滑块在导滑槽内滑动来保证。斜楔的工作角度 α 以 40°~50° 为宜，一般取 40°；需要较大的冲裁力时，α 角可以用 30°，以增大水平推力。如果为了获得较大的工作行程，α 角可加大到 60°。为了排除冲孔废料，应注意开设漏料孔并与下模座漏料孔相通。滑块的复位依靠橡胶来完成，也可靠弹簧或斜楔本身的另一工作角度来完成。

　　工序件以内形定位，为了保证冲孔位置的准确，弹簧板 3 在冲孔之前就把工序件压紧。该模具在压力机一次行程中冲一个孔。类似这种模具，如果安装多个斜楔滑块机构，可以同时冲多个孔，孔的相对位置由模具精度来保证。其生产率高，但模具结构较复杂，轮廓尺寸较大。这种冲模主要用于冲空心件或弯曲件等成形零件的侧孔、侧槽、侧切口等。

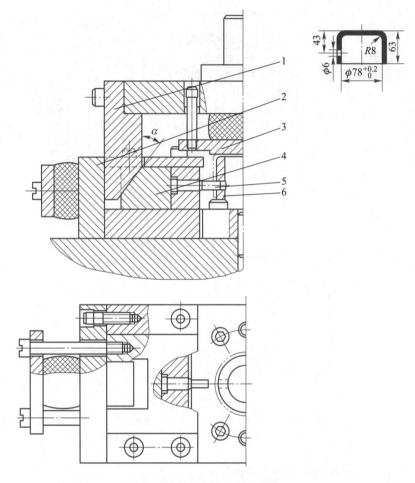

图 2-30　斜楔式水平冲孔模
1—斜楔;2—座板;3—弹簧板;4—滑块;5—凸模;6—凹模

③ 小孔冲模:如图 2-31 所示是全长导向结构的小孔冲模,其与一般冲孔模的区别是:凸模在工作行程中除了进入被冲材料内的工作部分外,其余全部得到不间断的导向作用,因而大大提高凸模的稳定性和强度。该模具的结构特点如下:

导向精度高　该模具的导柱不但在上、下模座之间进行导向,而且对卸料板也有导向。在冲压过程中,导柱装在上模座上,在工作行程中上模座、导柱、弹压卸料板一同运动,严格地保持与上、下模座平行,装配在卸料板中的凸模护套精确地与凸模滑配,当凸模受侧向力时,卸料板通过凸模护套承受侧向力,保护凸模不致发生弯曲。

为了提高导向精度,排除压力机导轨的干扰,该模具采用浮动模柄结构,但必须保证冲压过程中,导柱始终不脱离导套。该模具采用凸模全长导向结构。冲裁时,凸模 7 由凸模护套 9 全长导向,伸出护套后,即冲出一个孔。从图中可见,凸模护套伸出于卸料板,冲压时,卸料板不接触材料。由于凸模护套与材料的接触面积

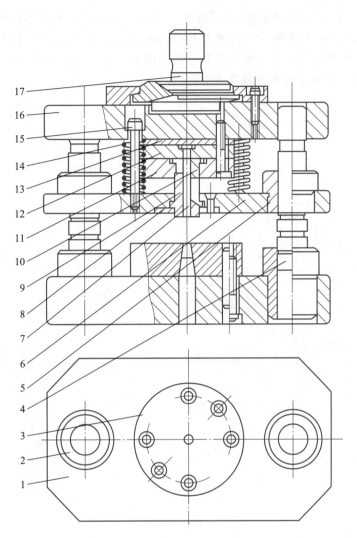

图 2-31　全长导向结构的小孔冲模

1—下模座；2、5—导套；3—凹模；4—导柱；6—弹压卸料板；7—凸模；8—托板；9—凸模护套；
10—扇形块；11—扇形块固定板；12—凸模固定板；13—垫板；14—弹簧；15—阶梯螺钉；16—上模座；17—模柄

上的压力很大，使其产生了立体的压应力状态，改善了材料的塑性条件，有利于塑性变形过程。因而，在冲制的孔径小于材料厚度时，仍能获得断面光洁孔。

2. 复合模

复合模是一种多工序的冲模。是在压力机的一次工作行程中，在模具同一部位同时完成数道分离工序的模具。复合模的设计难点是如何在同一工作位置上合理地布置好几对凸、凹模。其结构上的主要特征是有一个既是落料凸模又是冲孔凹模的凸凹模。按照复合模工作零件的安装位置不同，分为正装式复合模和倒装式复合模两种。

（1）正装式复合模（又称顺装式复合模）：如图 2-32 所示为正装式落料冲孔复合模，凸凹模 6 在上模，落料凹模 8 和冲孔凸模 11 在下模。正装式复合模工作时,板料以导料销 13 和挡料销 12 定位。上模下压,凸凹模外形和落料凹模进行落料,落料卡在凹模中,同时冲孔凸模与凸凹模内孔进行冲孔,冲孔废料卡在凸凹模孔内。卡在凹模中的冲件由顶件装置顶出凹模面。顶件装置由带肩顶杆 10 和顶件块 9 及装在下模座底下的弹顶器组成。

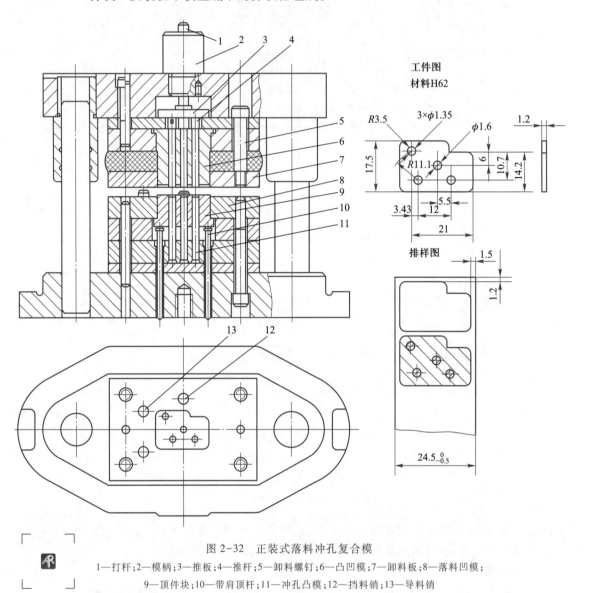

图 2-32　正装式落料冲孔复合模

1—打杆;2—模柄;3—推板;4—推杆;5—卸料螺钉;6—凸凹模;7—卸料板;8—落料凹模;
9—顶件块;10—带肩顶杆;11—冲孔凸模;12—挡料销;13—导料销

　　该模具采用装在下模座底下的弹顶器推动顶杆和顶件块,弹性元件高度不受模具有关空间的限制,顶件力大小容易调节,可获得较大的顶件力。卡在凸凹模内的冲孔废料由推件装置推出,推件装置由打杆 1、推板 3 和推杆 4 组成。当上模上行至上止点时,把废料推出。每冲裁一次,冲孔废料被推下一次,凸凹模孔内不积存废料,不易破裂。但冲孔废料落在下模工作面上,尤其孔较多时,清除废料麻烦。边料由弹压卸料装置卸下。由于采用固定挡料销和导料销,在卸料板上需钻出让位孔,或采用活动导料销或挡料销。

从上述工作过程可以看出,正装式落料冲孔复合模工作时,板料是在压紧的状态下分离,冲出的冲件平直度较高。但由于弹顶器和弹压卸料装置的作用,分离后的冲件容易被嵌入边料中影响操作,从而影响了生产率。

(2)倒装式复合模:如图2-33所示为倒装式复合模。凸凹模18装在下模,落料凹模17和冲孔凸模14、16装在上模。

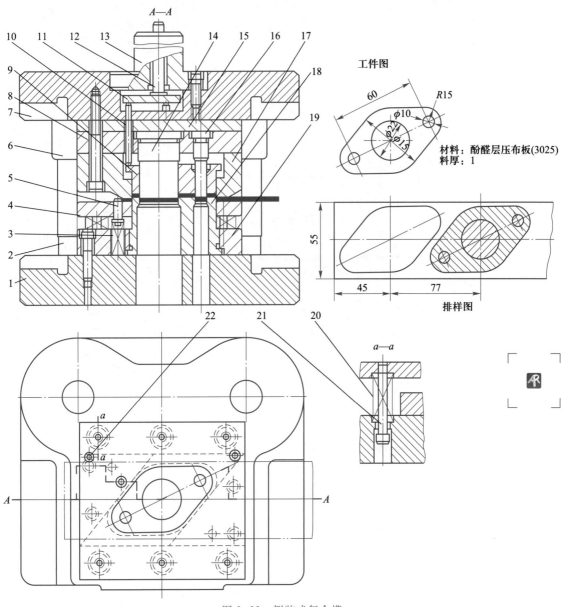

图 2-33 倒装式复合模

1—下模座;2—导柱;3、20—弹簧;4—卸料板;5—活动挡料销;6—导套;7—上模座;8—凸模固定板;
9—推件块;10—连接推杆;11—推板;12—打杆;13—模柄;14、16—冲孔凸模;15—垫板;17—落料凹模;
18—凸凹模;19—固定板;21—卸料螺钉;22—导料销

任务实施 >>>

如图 2-34 所示为游戏币毛坯,材料为 08 号钢,厚度为 2 mm,试为其确定模具结构方案。

游戏币毛坯采用如图 2-35 所示的导柱式单工序游戏币毛坯落料模。这种冲模上、下模的正确位置利用导柱 14 和导套 13 的导向来保证。凸、凹模在进行冲裁之前,导柱已经进入导套,从而保证了冲裁过程中凸模 12 和凹模 16 之间间隙的均匀性。

图 2-34 游戏币毛坯

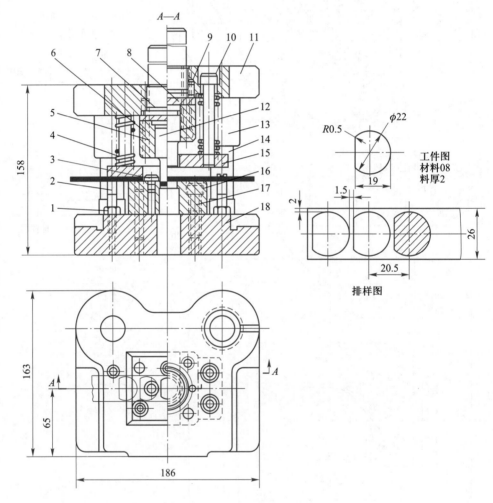

图 2-35 导柱式单工序游戏币毛坯落料模

1—落帽;2—导料螺钉;3—挡料销;4—弹簧;5—凸模固定板;6—销钉;7—压入式模柄;8—垫板;
9—止动销;10—卸料螺钉;11—上模座;12—凸模;13—导套;14—导柱;15—卸料板;
16—凹模;17—内六角螺栓;18—下模座

上、下模座和导套、导柱装配组成的部件为模架。凹模 16 用内六角螺栓和销钉与下模座 18 紧固并定位。凸模 12 用凸模固定板 5、螺栓、销钉与上模座紧固并定位,凸模背面垫上垫板 8。压入式模柄 7 装入上模座并以止动销 9 防止其转动。

条料沿导料螺栓 2 送至挡料销 3 定位后进行落料。箍在凸模上的边料靠弹压卸料装置进行卸料,弹压卸料装置由卸料板 15、卸料螺钉 10 和弹簧 4 组成。在凸、凹模进行冲裁工作之前,由于弹簧力的作用,卸料板先压住条料,上模继续下压时进行冲裁分离,此时弹簧被压缩(如图左半边所示)。上模回程时,弹簧恢复推动卸料板,把箍在凸模上的边料卸下。

有导向的冲裁模比无导向的可靠,精度高,寿命长,使用安装方便,但轮廓尺寸较大,模具较重、制造工艺复杂、成本较高。广泛用于生产批量大、精度要求高的冲裁件。

任务拓展 ▶▶▶

级进模是一种工位多、效率高的冲模。整个冲件的成形是在连续过程中逐步完成的。连续成形是工序集中的工艺方法,可使切边、切口、切槽、冲孔、塑性成形、落料等多种工序在一副模具上完成。根据冲压件的实际需要,按一定顺序安排了多个冲压工序(在级进模中称为工位)进行连续冲压。它不但可以完成冲裁工序,还可以完成成形工序,甚至装配工序,许多需要多工序冲压的复杂冲压件可以在一副模具上完全成形,为高速自动冲压提供了有利条件。

由于级进模工位数较多,因而用级进模冲制零件时,必须解决条料或带料的准确定位问题,才有可能保证冲压件的质量。根据级进模定位零件的特征,级进模有以下几种典型结构。

1. 用导正销定位的级进模

如图 2-36 所示为用导正销定距的冲孔落料级进模。上、下模用导板导向,冲孔凸模 3 与落料凸模 4 之间的距离是送料步距 S。送料时由固定挡料销 6 进行初定位,由两个装在落料凸模上的导正销 5 进行精定位。导正销与落料凸模的配合为 H7/r6,其连接应保证在修磨凸模时装拆方便,因此,落料凹模安装导正销的孔为通孔。导正销头部的形状应有利于导正时插入已冲的孔,它与孔的配合应略有间隙。为了保证首件的正确定距,在带导正销的级进模中,常采用始用挡料装置,它安装在导板下的导料板中间。在条料上冲制首件时,用手推始用导料销 7,使它从导料板中伸出来抵住条料的前端即可冲第一件上的两个孔,以后各次冲裁时就都由固定挡料销 6 控制送料步距作粗定位。

这种定距方式多用于较厚板料,冲件上有孔,精度低于 IT12 级的冲件冲裁。不适用于软料或板厚 $t<0.3$ mm 的冲件,不适于孔径小于 1.5 mm 或落料凸模较小的冲件。

2. 侧刃定距的级进模

如图 2-37 所示是双侧刃定距的冲孔落料级进模。它以侧刃 16 代替了始用挡

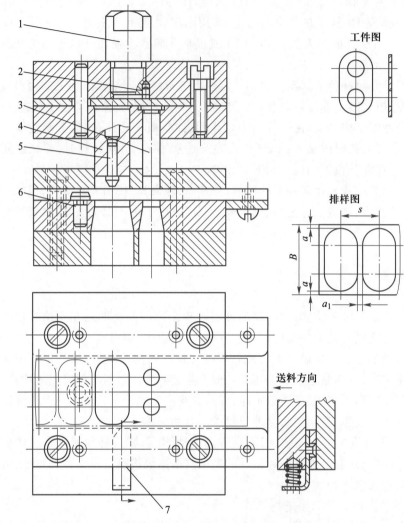

图 2-36　用导正销定距的冲孔落料级进模

1—模柄;2—螺钉;3—冲孔凸模;4—落料凸模;5—导正销;6—固定导料销;7—始用导料销

料销、挡料销和导正销,控制条料送进距离(进距或俗称步距)。侧刃是特殊功用的凸模,其作用是在压力机每次冲压行程中,沿条料边缘切下一块长度等于步距的料边。由于送料方向上,侧刃前后两导料板间距不同,前宽后窄形成一个凸肩,所以条料上只有切去料边的部分方能通过,通过的距离即等于步距。为了减少料尾损耗,尤其工位较多的级进模,可采用两个侧刃前后对角排列。由于该模具冲裁的板料较薄(0.3 mm),所以选用弹压卸料方式。

如图 2-38 所示为侧刃定距的弹压导板级进模。该模具除了具有上述侧刃定距级进模的特点外,还具有如下特点:

① 凸模用装在弹压导板 2 中的导板镶块 4 导向,弹压导板以导柱 1、10 导向,导向准确,保证凸模与凹模的正确配合,并且加强了凸模纵向稳定性,避免小凸模产生纵弯曲。

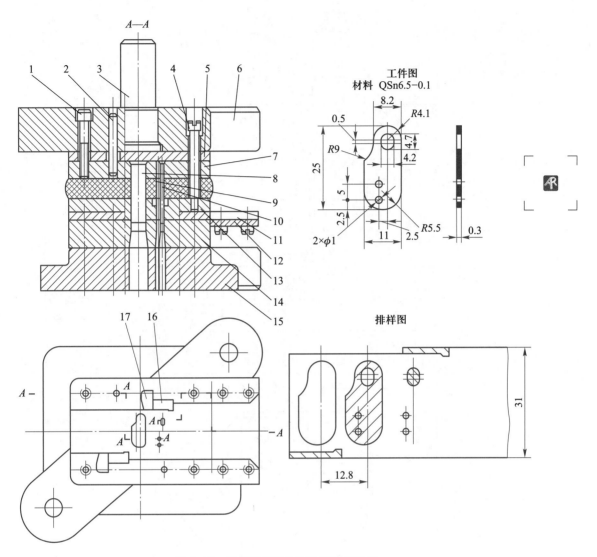

图 2-37　双侧刃定距的冲孔落料级进模

1—内六角螺钉;2—销钉;3—模柄;4—卸料螺钉;5—垫板;6—上模座;7—凸模固定板;8、9、10—
凸模;11—导料板;12—承料板;13—卸料板;14—凹模;15—下模座;16—侧刃;17—侧刃挡块

② 凸模与固定板为间隙配合,凸模装配调整和更换较方便。

③ 弹压导板用卸料螺钉与上模连接,加上凸模与固定板是间隙配合,因此能消除压力机导向误差对模具的影响,对延长模具寿命有利。

④ 冲裁排样采用直对排,一次冲裁获得两个零件,两件的落料工位离开一定距离,以增强凹模强度,也便于加工和装配。这种模具用于冲压零件尺寸小而复杂,需要保护凸模的场合。

在实际生产中,对于精度要求高的冲压件和多工位的级进冲裁,采用既有侧刃(粗定位)又有导正销定位(精定位)的级进模。

总之,级进模比单工序模生产率高,减少了模具和设备的数量,工件精度较高,

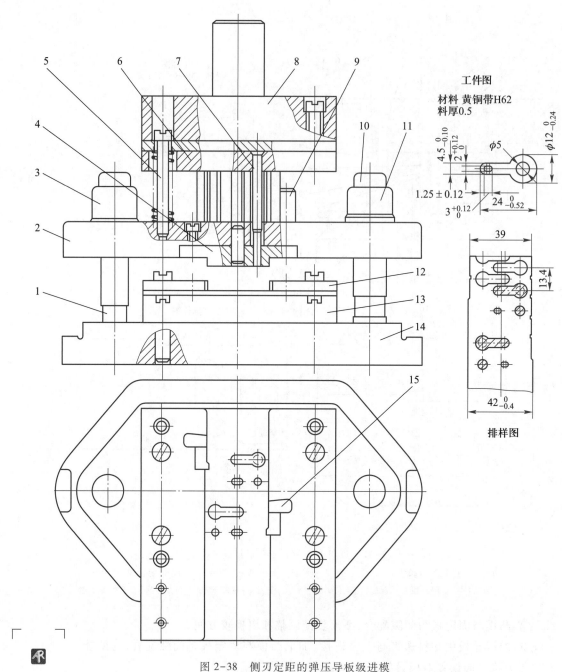

工件图

材料 黄铜带H62
料厚0.5

排样图

图 2-38　侧刃定距的弹压导板级进模

1、10—导柱;2—弹压导板;3、11—导套;4—导板镶块;5—卸料螺钉;6—凸模固定板;

7—凸模;8—上模座;9—限位柱;12—导料板;13—凹模;14—下模座;15—侧刃挡块

便于操作和实现生产自动化。对于特别复杂或孔边距较小的冲压件,用简单模或复合模冲制有困难时,可用级进模逐步冲出。但级进模轮廓尺寸较大,制造较复杂,成本较高,一般适用于大批量生产小型冲压件。

任务5　冲裁排样设计

任务陈述 >>>

微课
排样设计

通过本任务的学习,了解排样的重要性及常用排样方法,熟悉搭边及条料宽度值的确定方法。如图2-39所示的冲压件,用什么样的方法排样,才能既满足制件及冲压模具工作要求,又能最大限度地提高材料利用率。在这个任务中我们一起来学习排样的相关知识,并学会绘制其排样图。

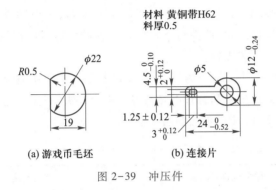

(a) 游戏币毛坯　　(b) 连接片

图 2-39　冲压件

知识准备 >>>

知识点 1　材料的合理利用

冲裁件在条料、带料或板料上的布置方法叫排样。合理的排样是提高材料利用率、降低成本,保证冲件质量及模具寿命的有效措施。

1. 材料利用率

冲裁件的实际面积与所用板料面积的百分比称为材料利用率,它是衡量合理利用材料的经济性指标。一个步距内的材料利用率(如图2-40所示)可用下式表示:

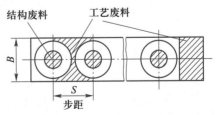

图 2-40　废料的种类图

$$\eta = \frac{A}{BS} \times 100\%$$

式中,A——一个步距内冲裁件的实际面积/mm²;

　　　B——条料宽度/mm;

　　　S——步距/mm。

若考虑到料头、料尾和边余料的材料消耗,则一张板料(带料或条料)上总的材料利用率 $\eta_{总}$ 为:

$$\eta_{总} = \frac{nA_1}{LB} \times 100\%$$

式中,n———一张板料(带料或条料)上冲裁件的总数目;

A_1———一个冲裁件的实际面积/mm^2;

L———板料长度/mm;

B———板料宽度/mm。

值越大,材料的利用率就越高,在冲裁件的成本中材料费用一般占60%以上,可见材料利用率是一项很重要的经济指标。

2. 提高材料利用率的方法

冲裁所产生的废料可分为两类,一类是结构废料,是由冲件的形状特点产生的;另一类是由于冲件之间、冲件与条料侧边之间的搭边,以及料头、料尾和边余料等产生的废料,称为工艺废料。

提高材料利用率,主要应从减少工艺废料着手。主要措施有设计合理的排样方案,选择合适的板料规格和合理的裁板法(减少料头、料尾和边余料),或利用废料作小零件(见表2-10中的混合排样)等。

表2-10 有废料排样和少、无废料排样形式的分类

排样形式	有废料排样		少、无废料排样	
	简图	应用	简图	应用
直排	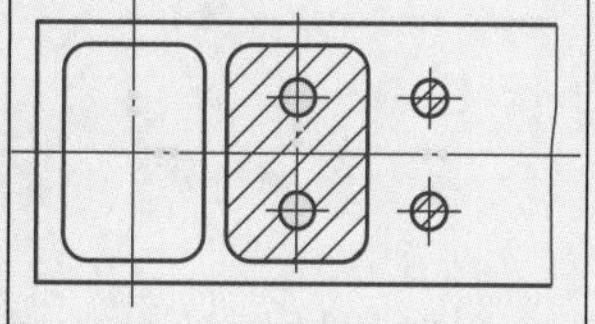	用于简单几何形状(方形、圆形、矩形)的冲件	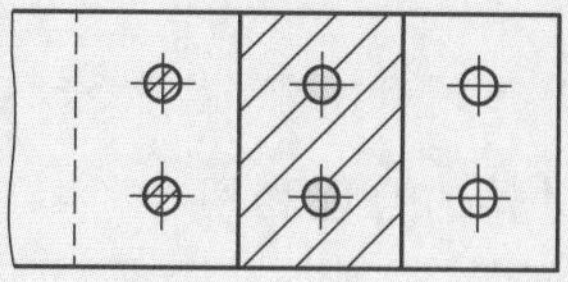	用于矩形或方形冲件
斜排	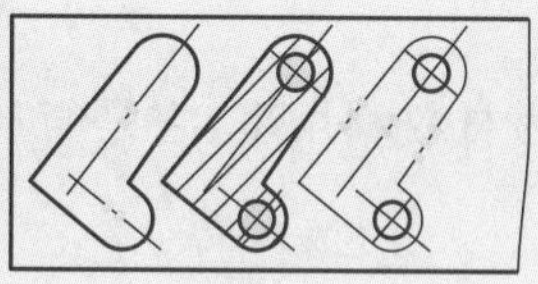	用于T形、L形、S形、十字形、椭圆形冲件	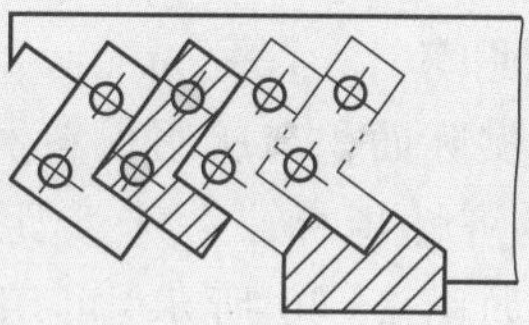	用于L形或其他形状的冲件,在外形上允许有不大的缺陷
直对排	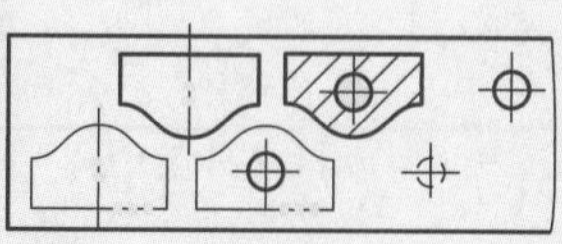	用于T形、Ⅱ形、山形、梯形、三角形、半圆形的冲件	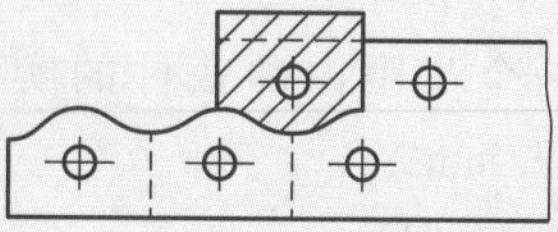	用于T形、Ⅱ形、山形、梯形、三角形冲件,在外形上允许有少量的缺陷

续表

排样形式	有废料排样		少、无废料排样	
	简图	应用	简图	应用
斜对排		用于材料利用率比直对排高的情况		多用于 T 形冲件
混合排		用于材料和厚度都相同的两种以上的冲件		用于两个外形互相嵌入的不同冲件（铰链等）
多排		用于大批生产中，尺寸不大的圆形、六角形、方形、矩形冲件		用于大批量生产中，尺寸不大的方形、矩形及六角形冲件
冲裁搭边		大批生产中用于小的窄冲件（表针及类似的冲件）或带料的连续拉深		用于以宽度均匀的条料或带料冲裁长形件

对一定形状的冲件,结构废料是不可避免的,但充分利用结构废料是可能的。当两个不同冲件的材料和厚度相同时,在尺寸允许的情况下,较小尺寸的冲件可在较大尺寸冲件的废料中冲制出来。如电动机转子硅钢片,就是在定子硅钢片的废料中取出的,这样就使结构废料得到充分利用了。另外,在使用条件许可时,取得零件设计单位同意后,也可以改变零件的结构形状,提高材料利用率,如图 2-41 所示。

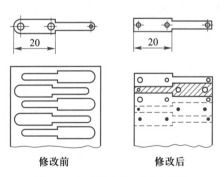

图 2-41　零件形状不同时材料利用情况的对比

修改前　　　修改后

知识点 2　排样方法

根据材料的合理利用情况,条料排样方法可分为三种,如图 2-42 所示。

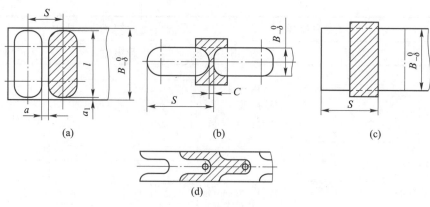

图 2-42　条料排样方法

1. 有废料排样

如图 2-42（a）所示,沿冲件全部外形冲裁,冲件与冲件之间、冲件与条料之间都存在有搭边废料。冲件尺寸完全由冲模来保证,因此精度高,模具寿命也高,但材料利用率低。

2. 少废料排样

如图 2-42（b）所示,沿冲件部分外形切断或冲裁,只在冲件与冲件之间或冲件与条料侧边之间留有搭边。因受剪裁条料质量和定位误差的影响,其冲件质量稍差,同时边缘毛刺被凸模带入间隙也影响模具寿命,但材料利用率稍高,冲模结构简单。

3. 无废料排样

如图 2-42（c）、图 2-42（d）所示,冲件与冲件之间或冲件与条料侧边之间均无搭边,沿直线或曲线切断条料而获得冲件。冲件的质量和模具寿命更差一些,但材料利用率最高。另外,如图 2-42（c）所示,当送进步距为零件宽度两倍时,一次切断便能获得两个冲件,有利于提高劳动生产率。

采用少、无废料的排样可以简化冲裁模结构,减小冲裁力,提高材料利用率。但是,因条料本身的公差以及条料导向与定位所产生的误差影响,冲裁件公差等级低。同时,由于模具单边受力（单边切断时）,不但会加剧模具磨损,降低模具寿命,而且也直接影响冲裁件的断面质量。为此,排样时必须统筹兼顾、全面考虑。

对有废料排样,少、无废料排样还可以进一步按冲裁件在条料上的布置方法加以分类,其主要形式见表 2-10。

对于形状复杂的冲件,通常用纸片剪成 3~5 个样件,然后摆出各种不同的排样方法,经过分析和计算,决定出合理的排样方案。同时也可以借助于计算机辅助绘图,更精确地设计出排样方案。

在冲压生产实际中,由于零件的形状、尺寸、精度要求、批量大小和原材料供应等方面的不同,不可能提供一种固定不变的合理排样方案。但在决定排样方案时应遵循的原则是:保证在材料消耗最低和劳动生产率最高的条件下得到符合技术条件要求的零件,同时要考虑方便生产操作、冲模结构简单、寿命长以及车间生产条件和原材料供应情况等,总之要从各方面权衡利弊,以选择出较为合理的排样方案。

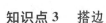

知识点 3　搭边

排样时冲裁件之间以及冲裁件与条料侧边之间留下的工艺废料叫搭边。搭边的作用一是补偿定位误差和剪板误差,确保冲出合格零件;二是增加条料刚度,方便条料送进,提高劳动生产率;同时,搭边还可以避免冲裁时条料边缘的毛刺被拉入模具间隙,从而提高模具寿命。

搭边值对冲裁过程及冲裁件质量有很大的影响,因此一定要合理确定搭边数值。搭边过大,材料利用率低;搭边过小时,搭边的强度和刚度不够,冲裁时容易翘曲或被拉断,不仅会增大冲裁件毛刺,有时甚至单边拉入模具间隙,造成冲裁力不均,损坏模具刃口。根据生产统计,正常搭边比无搭边冲裁时的模具寿命高 50%以上。

1. 影响搭边值的因素

(1) 材料的力学性能　硬材料的搭边值可小一些;软材料、脆材料的搭边值要大些。

(2) 材料厚度　材料越厚,搭边值也越大。

(3) 冲裁件的形状与尺寸　零件外形越复杂,圆角半径越小,搭边值越要取大些。

(4) 送料及挡料方式　用手工送料,有侧压装置的搭边值可以小一些;用侧刃定距比用挡料销定距的搭边值要小一些。

(5) 卸料方式　弹性卸料比刚性卸料的搭边值要小一些。

2. 搭边值的确定

搭边值是由经验确定的,表 2-11 为最小搭边值的经验数表之一,供设计时参考。

表 2-11　最小搭边值　　　　　　　　mm

材料厚度 t	圆形或圆角 $r>2t$ 的工件		矩形件边长 $L<50$ mm		矩形件边长 $L \geqslant 50$ mm 或圆角 $r \leqslant 2t$	
	工件间 a_1	侧面 a	工件间 a_1	侧面 a	工件间 a_1	侧面 a
<0.25	1.8	2.0	2.2	2.5	2.8	3.0
0.25~0.5	1.2	1.5	1.8	2.0	2.2	2.5

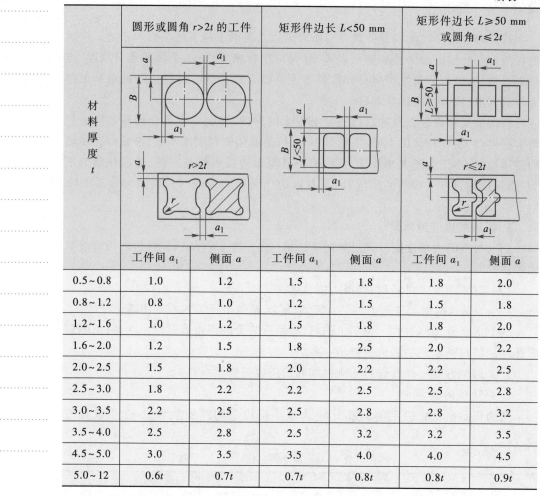

材料厚度 t	圆形或圆角 $r>2t$ 的工件		矩形件边长 $L<50$ mm		矩形件边长 $L \geq 50$ mm 或圆角 $r \leq 2t$	
	工件间 a_1	侧面 a	工件间 a_1	侧面 a	工件间 a_1	侧面 a
0.5~0.8	1.0	1.2	1.5	1.8	1.8	2.0
0.8~1.2	0.8	1.0	1.2	1.5	1.5	1.8
1.2~1.6	1.0	1.2	1.5	1.8	1.8	2.0
1.6~2.0	1.2	1.5	1.8	2.5	2.0	2.2
2.0~2.5	1.5	1.8	2.0	2.2	2.2	2.5
2.5~3.0	1.8	2.2	2.2	2.5	2.5	2.8
3.0~3.5	2.2	2.5	2.5	2.8	2.8	3.2
3.5~4.0	2.5	2.8	2.5	3.2	3.2	3.5
4.5~5.0	3.0	3.5	3.5	4.0	4.0	4.5
5.0~12	$0.6t$	$0.7t$	$0.7t$	$0.8t$	$0.8t$	$0.9t$

知识点 4　条料宽度与导料板间距的确定

在排样方案和搭边值确定之后,可以确定条料的宽度,进而确定导料板间的距离。由于表 2-11 所列侧面搭边值 a 已经考虑了剪料公差所引起的减小值,所以条料宽度的计算一般采用下列的简化公式。

1. 有侧压装置时条料的宽度与导料板间距离

如图 2-43 所示的有侧压装置模具,能使条料始终沿着导料板送进,故按公式计算:

条料宽度:

$$B_{-\Delta}^{0} = (D_{max} + 2a)_{-\Delta}^{0}$$

导料板间距离:

$$A = B + C = D_{max} + 2a + C$$

式中,D_{max}——条料宽度方向冲裁件的最大尺寸/mm;

a——侧搭边值/mm,可参考表 2-11;

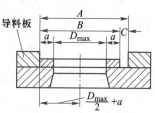

图 2-43　有侧压装置模具

Δ——条料宽度的单向（负向）偏差，见表 2-12、表 2-13；

C——导料板与条料之间的间隙/mm，其最小值见表 2-14。

2. 无侧压装置时条料的宽度与导料板间距离

如图 2-44 所示是无侧压装置模具，应考虑在送料过程中因条料的摆动而使侧面搭边减少。为了补偿侧面搭边的减少，条料宽度应增加一个条料可能的摆动量，放按下式计算：

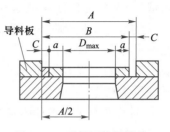

图 2-44　无侧压装置模具

条料宽度：

$$B_{-\Delta}^{0} = (D_{max} + 2a + C)_{-\Delta}^{0}$$

导料板间距离：

$$A = B + C = D_{max} + 2a + 2C$$

表 2-12　条料宽度偏差 Δ　　　　　　　　　　　　mm

条料宽度 B	材料厚度 t			
	~1	1~2	2~3	3~5
~50	0.4	0.5	0.7	0.9
50~100	0.5	0.6	0.8	1.0
100~150	0.6	0.7	0.9	1.1
150~220	0.7	0.8	1.0	1.2
220~300	0.8	0.9	1.1	1.3

表 2-13　条料宽度偏差 Δ　　　　　　　　　　　　mm

条料宽度 B	材料厚度 t		
	~0.5	>0.5~1	>1~2
~20	0.05	0.08	0.10
>20~30	0.08	0.10	0.15
>30~50	0.10	0.15	0.20

表 2-14　导料板与条料之间的最小间隙 C_{min}　　　　　　mm

材料厚度 t	无侧压装置			有侧压装置	
	条料宽度 B			条料宽度 B	
	<100	100~200	200~300	<100	≥100
0.5	0.5	0.5	1	5	8
0.5~1	0.5	0.5	1	5	8
1~2	0.5	1	1	5	8
2~3	0.5	1	1	5	8
3~4	0.5	1	1	5	8
4~5	0.5	1	1	5	8

项目二 冲裁工艺与模具设计

知识点5 排样图

在确定条料宽度之后,还要选择板料规格,并确定裁板方法(纵向剪裁或横向剪裁)。值得注意的是,在选择板料规格和确定裁板法时,还应综合考虑材料利用率、纤维方向(对弯曲件)、操作方便和材料供应情况等。当条料长度确定后,可以绘制排样图。如图 2-45 所示,一张完整的排样图应标注条料宽度尺寸 $B_{-\Delta}^0$、条料长度 L、板料厚度 t、端距 l、步距 S、工件间搭边 a_1 和侧搭边 a。并习惯以剖面线表示冲压位置。

排样图是排样设计的最终表达形式。它应绘在冲压工艺规程卡片上和冲裁模总装图的右上角。

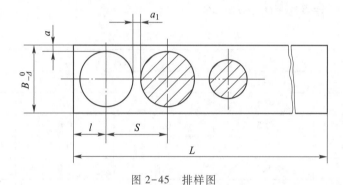

图 2-45 排样图

任务实施 >>>

(1) 如图 2-39(a)所示的游戏币毛坯,材料为 08 号钢,厚度为 2 mm,试为其绘制冲裁排样图。

游戏币坯料排样图各尺寸计算确定如下:

① 排样方法 结合游戏币使用中对形状尺寸的要求及大批量生产的情况,采用有废料的排样方式。

② 搭边值的确定 搭边值是由经验确定的,但对于初学者,可直接查阅经验数表。查表 2-11 得: $a_1 = 1.5$ mm,$a = 1.8$ mm,故可取 $a = 2$ mm。

③ 确定条料的宽度 采用有侧压送料方式,条料宽度为: $B_{-\Delta}^0 = (D_{max} + 2a)_{-\Delta}^0$
$$B = (22 + 2 \times 2) \text{ mm} = 26 \text{ mm}$$

查表 2-11 得:$\Delta = 0.5$,因此公差值较大,未注公差即可满足要求,故可省略标注。

④ 绘制排样图,如图 2-46 所示。

(2) 如图 2-39(b)所示的连接片,材料为黄铜 H62,厚度为 0.5 mm,试确定其排样方式。

连接片形状一头大一头小,若采用普通

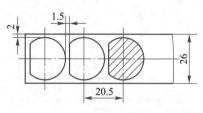

图 2-46 游戏币毛坯冲裁排样图

直排,必然浪费材料。根据其形状特点,采用直对排的方式比较合适,如图 2-47 所示,尺寸计算略。

任务拓展 >>>

用侧刃定距时条料的宽度与导料板间距离,如图 2-48 所示。

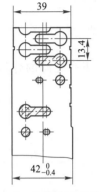

图 2-47 连接片冲裁排样图

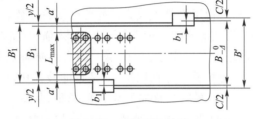

图 2-48 有侧刃的冲裁

当条料的送进步距用侧刃定位时,条料宽度必须增加侧刃切去的部分,故按下式计算条料宽度:

$$B_{-\Delta}^{0} = (L_{\max} + 2a + nb_1)_{-\Delta}^{0} = (L_{\max} + 1.5a + nb_1)_{-\Delta}^{0}$$

式中,$L_{\max}$——条料宽度方向冲裁件的最大尺寸/mm;

n——侧刃数;

b_1——侧刃冲切的料边宽度/mm,见表 2-15;

y——冲切后的条料宽度与导料板间的间隙/mm,见表 2-15。

表 2-15 b_1、y 值   mm

条料厚度 t	b_1		y
	金属材料	非金属材料	
>1.5	1.5	2	0.10
1.5~2.5	2.0	3	0.15
2.5~3	2.5	4	0.20

任务 6   冲裁模具凸、凹间隙与刃口尺寸确定

微课
凸模与凹模
刃口尺寸的
计算

任务陈述 >>>

通过本任务的学习,了解间隙对冲裁工艺及模具的影响,并能为模具的凸、凹

模选择合理的间隙值;掌握凸、凹模刃口尺寸确定的方法。完成如图2-49所示的双孔垫圈的冲裁凸、凹模刃口尺寸及公差计算。已知:材料为Q235,料厚 $t = 0.5$ mm。

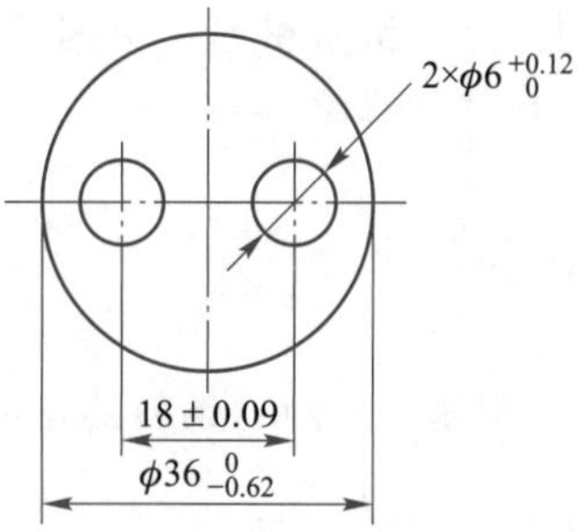

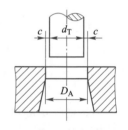

图 2-49 双孔垫圈零件图

微课
冲裁模间隙

知识准备 >>>

知识点 1 冲裁模间隙

模具寿命分为刃磨寿命和模具总寿命,刃磨寿命用两次刃磨之间的合格制件数表示,总寿命用模具失效为止的总合格制件数表示。

模具失效的原因一般有:磨损、变形、崩刃、折断和胀裂。

冲裁过程中作用于凸、凹模上的力为被冲材料的反作用力,其方向相反。冲裁间隙 $2c$ 是指冲裁模中凹模刃口横向尺寸 D_A 与凸模刃口横向尺寸 d_T 的差值,如图2-50所示。$2c$ 表示双面间隙,单面间隙用 c 表示,如无特殊说明,冲裁间隙就是指双面间隙。c 值可为正,也可为负,但在普通冲裁中,均为正值。

图 2-50 冲裁模间隙

1. 冲裁间隙的重要性

间隙对冲裁件质量、冲裁力和模具寿命均有很大影响,是冲裁工艺与冲裁模设计中一个非常重要的工艺参数。

(1)间隙对冲裁件质量的影响 间隙是影响冲裁件质量的主要因素之一。

(2)间隙对冲裁力的影响 试验证明,随间隙的增大冲裁力有一定程度的降低,但当单面间隙介于材料厚度的 $5\% \sim 20\%$ 范围内时,冲裁力的降低不超过 $5\% \sim 10\%$。因此,在正常情况下,间隙对冲裁力的影响不大。

间隙对卸料力、推件力的影响比较显著。随间隙增大,卸料力和推件力都将减小。一般当单面间隙增大到材料厚度的 $15\% \sim 25\%$ 时,卸料力几乎降到零。但间隙继续增大会使毛刺增大,又将引起卸料力、顶件力的迅速增大。

(3)间隙对模具寿命的影响 凸、凹模刃口受到极大的垂直压力和侧压力的作用,高压使刃口与被冲材料接触面之间产生局部附着现象,当接触面相对滑动时,附着部分产生剪切引起磨损,这种附着磨损是冲模磨损的主要形式。接触压力愈大,相对滑动距离愈大,模具材料愈软,则磨损量愈大。而冲裁中的接触压力,即垂直力、侧压力、摩擦力均随间隙的减小而增大,且间隙小时,光亮带变宽,摩擦距离增长,摩擦发热严重,所以小间隙将使磨损增加,甚至使模具与材料之间产生黏结现象。而接触压力的增大,还会引起刃口的压缩疲劳破坏,使之崩刃。小间隙还会产生凹模胀裂,小凸模折断,凸凹模相互啃刃等异常损坏。当然,影响模具寿命的因素很多,有润滑条件,模具制造材料和精度、表面粗糙度、被加工材料特性、冲裁件轮廓形状等,间隙是其中一个主要因素。

所以为了减少凸、凹模的磨损,延长模具使用寿命,在保证冲裁件质量的前提下适当采用较大的间隙值是十分必要的。若采用小间隙,就必须提高模具硬度、精度,减小模具粗糙度,良好润滑,以减小磨损。

2. 冲裁模间隙值的确定

由以上分析可见,间隙对冲裁件质量、冲裁力、模具寿命等都有很大的影响。但很难找到一个固定的间隙值能同时满足冲裁件质量最佳、冲模寿命最长、冲裁力最小等方面的要求。因此,在冲压实际生产中,主要根据冲裁件断面质量、尺寸精度和模具寿命这三个因素综合考虑,给间隙规定一个范围值。只要间隙在这个范围内,就能得到质量合格的冲裁件和较长的模具寿命。这个间隙范围称为合理间隙,其最小值称为最小合理间隙($2c_{min}$),最大值称为最大合理间隙($2c_{max}$)。考虑到在生产过程中的磨损使间隙变大,故设计与制造新模具时应采用最小合理间隙 $2c_{min}$。确定合理间隙值有理论法和经验确定法两种。

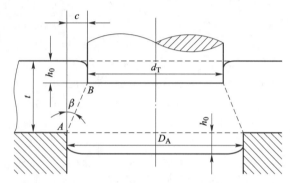

（1）理论确定法　主要根据凸、凹模刃口产生的裂纹相互重合的原则进行计算。如图 2-51 所示为冲裁过程中开始产生裂纹的瞬时状态,根据图中几何关系可求得合理间隙 $2c$ 为:

图 2-51　冲裁过程中开始产生裂纹的瞬间状态

$$2c = 2(t-h_0)\tan\beta = 2t\left(1-\frac{h_0}{t}\right)\tan\beta$$

式中,t——材料厚度/mm;

h_0——产生裂纹时凸模挤入材料的深度/mm;

h_0/t——产生裂纹时凸模挤入材料的相对深度/mm;

β——剪切裂纹与垂线间的夹角/°。

由上式可看出,合理间隙 c 与材料厚度 t、凸模挤入材料相对深度、裂纹角有关,而 h_0 及 β 又与材料塑性有关,见表 2-16。因此,影响间隙值的主要因素是材料性质和厚度。材料厚度越大,塑性越低的硬脆材料,所需间隙 c 值就越大;材料厚度越薄,塑性越好的材料,所需间隙 c 值就越小。由于理论计算法在生产中使用不方便,故目前广泛采用的是经验数据。

表 2-16　h_0/t 与 β 值

材料	h_0/t		β	
	退火	硬化	退火	硬化
软钢、纯铜、软黄铜	0.5	0.35	6°	5°
中硬钢、硬黄铜	0.3	0.2	5°	4°
硬钢、硬青铜	0.2	0.1	4°	4°

（2）经验确定法

① 经验查表法：根据研究与实际生产经验，间隙值可按要求查表确定。对于尺寸精度、断面质量要求高的冲裁件应选用较小间隙值（见表2-17），这时冲裁力与模具寿命作为次要因素考虑。对于尺寸精度和断面质量要求不高的冲裁件，在满足要求的前提下，应以降低冲裁力、提高模具寿命为主，选用较大的双面间隙值（见表2-18）。

表 2-17　冲裁模初始双面间隙值 $2c$　　　　　　　　　　mm

材料厚度 t	软铝		纯铜、黄铜、软钢		中等硬钢		硬钢	
	$2c_{min}$	$2c_{max}$	$2c_{min}$	$2c_{max}$	$2c_{min}$	$2c_{max}$	$2c_{min}$	$2c_{max}$
<0.5	极小间隙							
0.2	0.2	0.008	0.012	0.010	0.014	0.012	0.016	0.014	0.018
0.3	0.3	0.012	0.018	0.015	0.021	0.018	0.024	0.021	0.027
0.4	0.4	0.016	0.024	0.020	0.028	0.024	0.032	0.028	0.036
0.5	0.5	0.020	0.030	0.025	0.035	0.030	0.040	0.035	0.045
0.6	0.6	0.024	0.036	0.030	0.042	0.036	0.048	0.042	0.054
0.7	0.7	0.028	0.042	0.035	0.049	0.042	0.056	0.049	0.063
0.8	0.8	0.032	0.048	0.040	0.056	0.048	0.064	0.056	0.072
0.9	0.9	0.036	0.054	0.045	0.063	0.054	0.072	0.063	0.081
1.0	1.0	0.040	0.060	0.050	0.070	0.060	0.080	0.070	0.090
1.2	1.2	0.050	0.084	0.072	0.096	0.084	0.108	0.096	0.120
1.5	1.5	0.075	0.105	0.090	0.120	0.105	0.135	0.120	0.150
1.8	1.8	0.090	0.126	0.108	0.144	0.126	0.162	0.144	0.180
2.0	2.0	0.100	0.140	0.120	0.160	0.140	0.180	0.160	0.200
2.2	2.2	0.132	0.176	0.154	0.198	0.176	0.220	0.198	0.242
2.5	2.5	0.150	0.200	0.175	0.225	0.200	0.250	0.225	0.275
2.8	2.8	0.168	0.225	0.196	0.252	0.224	0.280	0.252	0.308
3.0	3.0	0.180	0.240	0.210	0.270	0.240	0.300	0.270	0.330
3.5	3.5	0.245	0.315	0.280	0.350	0.315	0.385	0.350	0.420
4.0	4.0	0.280	0.360	0.320	0.400	0.360	0.440	0.440	0.480
4.5	4.5	0.315	0.405	0.360	0.450	0.405	0.490	0.450	0.540
5.0	5.0	0.350	0.450	0.400	0.500	0.450	0.550	0.500	0.600
6.0	6.0	0.480	0.600	0.540	0.660	0.600	0.720	0.660	0.780
7.0	7.0	0.560	0.700	0.630	0.770	0.700	0.840	0.770	0.910
8.0	8.0	0.720	0.880	0.800	0.960	0.880	1.040	0.960	1.120
9.0	9.0	0.870	0.990	0.900	1.080	0.990	1.170	1.080	1.260
10.0	10.0	0.900	1.100	1.000	1.200	1.100	1.300	1.200	1.400

注：1. 初始间隙的最小值相当于间隙的公称数值。

2. 初始间隙的最大值是考虑凸、凹模的制造公差所增加的数值。

3. 在使用过程中，由于模具工作部分的磨损，间隙将有所增加，因而间隙的使用最大数值会超过列表数值。

表 2-18　冲裁模初始双面间隙值 $2c$（汽车、拖拉机等行业）　　　　mm

材料厚度 t	08、10、35、09Mn、Q235		16Mn		40、50		65 Mn	
	$2c_{min}$	$2c_{max}$	$2c_{min}$	$2c_{max}$	$2c_{min}$	$2c_{max}$	$2c_{min}$	$2c_{max}$
<0.5	极小间隙							
0.5	0.040	0.060	0.040	0.060	0.040	0.060	0.040	0.060
0.6	0.048	0.720	0.048	0.072	0.048	0.072	0.048	0.072
0.7	0.064	0.092	0.064	0.092	0.064	0.092	0.064	0.092
0.8	0.072	0.104	0.072	0.104	0.072	0.104	0.064	0.092
0.9	0.090	0.126	0.090	0.126	0.090	0.126	0.090	0.126
1.0	0.100	0.140	0.100	0.140	0.100	0.140	0.090	0.126
1.2	0.126	0.180	0.132	0.180	0.132	0.180		
1.5	0.132	0.240	0.170	0.240	0.170	0.240		
1.75	0.220	0.320	0.220	0.320	0.220	0.320		
2.0	0.246	0.360	0.260	0.380	0.260	0.380		
2.1	0.260	0.380	0.280	0.400	0.280	0.400		
2.5	0.360	0.540	0.380	0.540	0.380	0.540		
2.75	0.400	0.560	0.420	0.600	0.420	0.600		
3.0	0.460	0.640	0.480	0.660	0.480	0.660		
3.5	0.540	0.740	0.580	0.780	0.580	0.780		
4.0	0.640	0.880	0.680	0.920	0.680	0.920		
4.5	0.720	1.000	0.680	0.960	0.780	1.040		
5.5	0.940	1.280	0.780	1.100	0.980	1.320		
6.0	1.080	1.440	0.840	1.200	1.140	1.500		
6.5			0.940	1.300				
8.0			1.200	1.680				

注：冲裁皮革、石棉和纸板时，间隙取 08 号钢的 25%。

　　需要指出的是，模具采用线切割加工时，若直接从凹模中制取凸模，此时凸、凹模间隙取决于电极丝直径、放电间隙和研磨量，但其总和不能超过最大单面初始间隙值（见表 2-17）的规定。

　　② 厚度百分比法：按 GB/T 16743—2010 的规定，也可按厚度百分比的经验值，获得需要的间隙。这种方法首先对冲裁间隙进行分类，按冲裁件尺寸精度、剪切面质量、模具寿命和力能消耗等主要因素，将金属材料冲裁间隙分成表 2-19 所示五类，即：Ⅰ类（小间隙）、Ⅱ类（较小间隙）、Ⅲ类（中间间隙）、Ⅳ类（较大间隙）和Ⅴ类（大间隙）。

　　按照金属板料的种类、供应状态、抗剪强度，表 2-20 给出了对应于表 2-19 的五类冲裁间隙值。

表 2-19　金属材料冲裁间隙分类

项目名称	I 类	II 类	III 类	IV 类	V 类
剪切面特征	毛刺细长 α很小 光亮带很大 塌角小	毛刺中等 α小 光亮带小 塌角小	毛刺一般 α中等 光亮带中等 塌角中等	毛刺较大 α大 光亮带较小 塌角较大	毛刺大 α大 光亮带最大 塌角大
塌角高度 R	(2~5)%t	(4~7)%t	(6~8)%t	(8~10)%t	(10~20)%t
光亮带高度 B	(50~70)%t	(35~55)%t	(25~40)%t	(15~25)%t	(10~20)%t
断裂带高度 F	(25~45)%t	(35~50)%t	(50~60)%t	(60~75)%t	(70~80)%t
毛刺高度 h	细长	中等	一般	较高	高
断裂角 α	一	4°~7°	7°~8°	8°~11°	14°~16°
平面度 f	好	较好	一般	较差	差
尺寸精度　落料件	非常接近凹模尺寸	接近凹模尺寸	稍小于凹模尺寸	小于凹模尺寸	小于凹模尺寸
尺寸精度　冲孔件	非常接近凸模尺寸	接近凸模尺寸	稍大于凸模尺寸	大于凸模尺寸	大于凸模尺寸
冲裁力	大	较大	一般	较小	小
卸、推料力	大	较大	最小	较小	小
冲裁功	大	较大	一般	较小	小
模具寿命	低	较低	较高	高	最高

类别和间隙值

表 2-20 金属板料冲裁间隙值

材料	抗剪强度 γ/MPa	初始间隙（单边间隙）/%t				
		I 类	II 类	III 类	IV 类	V 类
低碳钢 08F、10F、10、20、Q235-A	≥210~400	1.0~2.0	3.0~7.0	7.0~10.0	10.0~12.5	21.0
中碳钢 45、不锈钢 1Cr18Ni9Ti、4Cr13、膨胀合金（可伐合金）4J29	≥420~560	1.0~2.0	3.5~8.0	8.0~11.0	11.0~15.0	23.0
高碳钢 T8A、T10A、65Mn	≥590~930	2.5~5.0	8.0~12.0	12.0~15.0	15.0~18.0	25.0
纯铝 1060、1050A、1035、1200、铝合金（软态）3A21、黄铜（软态）H62、纯铜（软态）T1、T2、T3	≥65~255	0.5~1.0	2.0~4.0	4.5~6.0	6.5~9.0	17.0
黄铜（硬态）H62、铅黄铜 HPb59-1、纯铜（硬态）T1、T2、T3	≥290~420	0.5~2.0	3.0~5.0	5.0~8.0	8.5~11.0	25.0
铝合金（硬态）ZA12、锡磷青铜 QSn4-4-2.5、铝青铜 QA17、铍青铜 QBe2	≥225~550	0.5~1.0	3.5~6.0	7.0~10.0	11.0~13.5	20.0
镁合金 MB1、MB8	≥120~180	0.5~1.0	1.5~2.5	3.5~4.5	5.0~7.0	16.0
电工硅钢	190	—	2.5~5.0	5.0~9.0	—	—

③ 冲裁间隙适应场合：I 类冲裁间隙适用于冲裁件剪切面、尺寸精度要求高的场合；II 类冲裁间隙适用于冲裁件剪切面、尺寸精度要求较高的场合；III 类冲裁间隙适用于冲裁件剪切面、尺寸精度要求一般的场合，因残余应力小，能减小破裂现象，适用于继续塑性变形的工件的场合；IV 类冲裁间隙适用于冲裁件剪切面、尺寸精度要求不高时，应优先采用较大间隙，以利于提高冲模寿命的场合；V 类冲裁间隙适用于冲裁件剪切面、尺寸精度要求较低的场合。

④ 非金属板料冲裁间隙值见表 2-21。

表 2-21 非金属板料冲裁间隙值

材料	初始间隙（单边间隙）/%t
酚醛层压板、石棉板、橡胶板、有机玻璃板、环氧酚醛玻璃布	1.5~3.0
红纸板、胶纸板、胶布板	0.5~2.0
云母片、皮革、纸	0.25~0.75
纤维板	2.0
毛毡	0~0.2

知识点 2 凸、凹模刃口尺寸的确定

凸、凹模的刃口尺寸和公差直接影响冲裁件的尺寸精度。模具的合理间隙值

也靠凸、凹模刃口尺寸及其公差来保证。因此,正确确定凸、凹模刃口尺寸和公差,是冲裁模设计中的一项重要工作。

1. 凸、凹模刃口尺寸计算原则

由于凸、凹模之间存在着间隙,所以冲裁件断面都带有锥度。但在冲裁件尺寸的测量和使用中,以光亮带的尺寸为基准。

落料件的光亮带处于大端尺寸,其光亮带是因凹模刃口挤切材料产生的,且落料件的大端(光面)尺寸等于凹模尺寸;冲孔件的光亮带处于小端尺寸,其光亮带是凸模刃口挤切材料产生的,且冲孔件的小端(光面)尺寸等于凸模尺寸。

冲裁过程中,凸、凹模要与冲裁零件或废料发生摩擦,凸模轮廓越磨越小,凹模轮廓越磨越大,导致间隙越用越大。因此,确定凸、凹模刃口尺寸应区分落料和冲孔工序,并遵循如下原则:

① 设计落料模应先确定凹模刃口尺寸,以凹模为基准,冲裁间隙通过减小凸模刃口尺寸来取得。设计冲孔模应先确定凸模刃口尺寸,以凸模为基准,冲裁间隙通过增大凹模刃口尺寸来取得。

② 根据冲模在使用过程中的磨损规律,设计落料模时,凹模基本尺寸取接近或等于工件的最小极限尺寸;设计冲孔模时,凸模基本尺寸取接近或等于工件孔的最大极限尺寸。这样,凸、凹模在磨损到一定程度时,仍能冲出合格的零件。

模具磨损预留量与工件制造精度有关。用 Δ、x 表示,Δ 为工件的公差值,x 为磨损系数,其值在 0.5~1 之间,根据工件制造精度进行选取:

工件精度 IT10 以上　　　　$x = 1$

工件精度 IT11~IT13　　　$x = 0.75$

工件精度 IT14　　　　　　$x = 0.5$

③ 不管落料还是冲孔,冲裁间隙一般选用最小合理间隙值($2c_{min}$)。

④ 选择模具刃口制造公差时,要考虑工件精度与模具精度的关系,既要保证工件的精度要求,又要保证有合理的间隙值。一般冲模精度较工件精度高 2~4 级。对于形状简单的圆形、方形刃口,其制造偏差值可按 IT6、IT7 级来选取;对于形状复杂的刃口,制造偏差可按工件相应部位公差值的 1/4 来选取;对于刃口尺寸磨损后无变化的,制造偏差值可取工件相应部位公差值的 1/8 并标注"±"。

⑤ 工件尺寸公差与冲模刃口尺寸的制造偏差原则上都应按入体原则标注为单向公差,所谓入体原则是指标注工件尺寸公差时应向材料实体方向单向标注。但对于磨损后无变化的尺寸,一般标注双向偏差。

2. 凸、凹模刃口尺寸计算方法

由于冲模加工方法不同,刃口尺寸的计算方法也不同,基本上可分为两类。

(1) 凸模与凹模分别加工法　这种方法主要适用于圆形或简单规则形状的工件,因冲裁此类工件的凸、凹模制造相对简单,精度容易保证,所以采用分别加工的方法。设计时,需在图纸上分别标注凸模和凹模刃口尺寸及制造公差。

冲模刃口与工件尺寸及公差分布如图 2-52 所示,其计算公式如下:

① 落料:设工件的尺寸为 $D_{-\Delta}$,根据计算原则,落料时以凹模为设计基准。首先确定凹模尺寸,使凹模的基本尺寸接近或等于工件轮廓的最小极限尺寸;将凹模

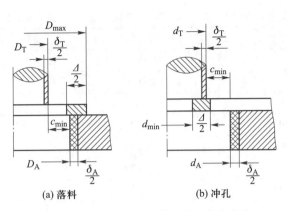

图 2-52　冲模刃口与工件尺寸及公差分布

尺寸减去最小合理间隙值即得到凸模尺寸。

$$D_A = (D_{max} - x\Delta)_0^{+\delta_A}$$

$$D_T = (D_A - 2c_{min})_{-\delta_T}^0 = (D_{max} - x\Delta - 2c_{min})_{-\delta_T}^0$$

② 冲孔：设冲孔尺寸为 $d^{+\Delta}$，根据计算原则，冲孔时以凸模为设计基准。首先确定凸模尺寸，使凸模的基本尺寸接近或等于工件孔的最大极限尺寸；将凸模尺寸加上最小合理间隙值即得到凸模尺寸。

$$d_T = (d_{min} + x\Delta)_{-\delta_T}^0$$

$$d_A = (d_T + 2c_{min})_0^{+\delta_T} = (d_{min} + x\Delta + 2c_{min})_0^{+\delta_T}$$

③ 孔心距：孔心距属于磨损后基本不变的尺寸。在同一工步中，工件上冲出的孔距为 $L \pm \Delta/2$，两个孔时，其凹模型孔中心距可按下式确定：

$$L_d = L \pm \frac{1}{8}\Delta$$

式中，D_A、D_T——落料凹、凸模尺寸/mm；

$\quad\quad d_A$、d_T——冲孔凹、凸模尺寸/mm；

$\quad\quad D_{max}$——落料件的最大极限尺寸/mm；

$\quad\quad d_{min}$——冲孔件孔的最小极限尺寸/mm；

$\quad\quad L$、L_d——工件孔心距和凹模孔心距的公称尺寸/mm；

$\quad\quad \Delta$——工件制造公差；

$\quad\quad 2c_{min}$——最小合理双面间隙/mm；

$\quad\quad x$——磨损系数；

$\quad\quad \delta_T$、δ_A——凸、凹模的制造公差/mm，可按 IT6、IT7 级来选取，或查表 2-22 选取，或取 $\delta_T \leqslant 0.4(2c_{max} - 2c_{min})$、$\delta_A \leqslant 0.6(2c_{max} - 2c_{min})$。

为保证初始间隙不超过 $2c_{max}$，即 $|\delta_T| + |\delta_A| + 2c_{min} \leqslant 2c_{max}$，$\delta_T$ 和 δ_A 选取必须满足以下条件：

$$|\delta_T| + |\delta_A| \leqslant 2c_{max} - 2c_{min}$$

表 2-22　规则形状(圆形、方形)冲裁时凸模、凹模的制造公差　　　　　mm

基本尺寸	凸模偏差	凹模偏差
≤18	0.020	0.020
>18~30	0.020	0.025
>30~80	0.020	0.030
>80~120	0.025	0.035
>120~180	0.030	0.040
>180~260	0.030	0.045
>260~360	0.035	0.050
>360~500	0.040	0.060
>500	0.050	0.070

可见,分别加工法的优点是,凸、凹模具有互换性,制造周期短,便于成批制造。其缺点是,为了保证初始间隙在合理范围内,需要采用较小的凸、凹模制造公差才能满足 $|\delta_T|+|\delta_A|\leqslant 2c_{\max}-2c_{\min}$ 的要求,所以模具制造成本相对较高。

(2)凸模与凹模配作法　采用凸、凹模分别加工法时,为了保证凸、凹模间一定的间隙值,必须严格限制冲模制造公差,导致冲模制造困难。对于冲制薄材料(因 $2c_{\max}$ 与 $2c_{\min}$ 的差值很小)的冲模、冲制复杂形状工件的冲模或单件生产的冲模,常采用凸模与凹模配作的加工方法。

配作法就是先按设计尺寸制造出一个基准件(凸模或凹模),然后根据基准件的实际尺寸按最小合理间隙配制另一件。这种加工方法的特点是模具的间隙由配制保证,工艺比较简单,不必校核 $|\delta_T|+|\delta_A|\leqslant 2c_{\max}-2c_{\min}$ 的条件,并且还可放大基准件的制造公差,便于制造。设计时,基准件的刃口尺寸及制造公差应详细标注,而配作件上只标注公称尺寸,不注公差,但在图样上注明:"凸(凹)模刃口按凹(凸)模实际刃口尺寸配制,保证最小双面合理间隙值 $2c_{\min}$ "。

采用配作法计算凸模或凹模刃口尺寸,首先是根据凸模或凹模磨损后轮廓变化情况,正确判断出模具刃口各个尺寸在磨损过程中是变大,变小还是不变,然后按不同的公式计算。

①凸模或凹模磨损后会增大的尺寸——第一类尺寸 A 。

落料凹模或冲孔凸模磨损后将会增大的尺寸,相当于简单形状的落料凹模尺寸,所以它的基本尺寸及制造公差的确定方法与落料凹模相同,计算公式如下:

$$A_j=(A_{\max}-x\Delta)_0^{+\frac{1}{4}\Delta}$$

②凸模或凹模磨损后会减小的尺寸——第二类尺寸 B 。

冲孔凸模或落料凹模磨损后将会减小的尺寸,相当于简单形状的冲孔凸模尺寸,所以它的基本尺寸及制造公差的确定方法与冲孔凸模相同,计算公式如下:

$$B_j=(B_{\min}+x\Delta)_{-\frac{1}{4}\Delta}^0$$

③凸模或凹模磨损后不变的尺寸——第三类尺寸 C 。

$$C_j=\left(C_{\min}+\frac{1}{2}\Delta\right)\pm\frac{1}{8}\Delta$$

78

式中，A_j、B_j、C_j——模具基准件尺寸/mm；

$\quad\quad A_{max}$、B_{min}、C_{min}——工件极限尺寸/mm；

$\quad\quad\quad\quad\Delta$——工件公差/mm。

任务实施 >>>

如图 2-49 所示的双孔垫圈零件图，材料为 Q235，料厚 $t = 0.5$ mm。计算冲裁凸、凹模刃口尺寸及公差。

解：由图可知，该零件属于无特殊要求的一般冲孔落料零件。外形 $\phi 36_{-0.62}^{0}$ mm 由落料获得，$2 \times \phi 6_{0}^{+0.12}$ mm 和 18 ± 0.09 mm 由冲孔同时获得。查表 2-18 得：$2c_{min} = 0.04$ mm，$2c_{max} = 0.06$ mm。则

$$2c_{max} - 2c_{min} = (0.06 - 0.04)\,mm = 0.02\,mm$$

由公差表查得：$2 \times \phi 6_{0}^{+0.12}$ mm 为 IT12 级，取 $x = 0.75$；$\phi 36_{-0.62}^{0}$ mm 为 IT14 级，取 $x = 0.5$。设凸、凹模分别按 IT6 和 IT7 级加工制造，则：

（1）冲孔：

$$d_T = (d_{min} + x\Delta)_{-\delta_T}^{0} = (6 + 0.75 \times 0.12)_{-0.008}^{0}\,mm = 6.09_{-0.008}^{0}\,mm$$

$$d_A = (d_T + 2c_{min})_{0}^{+\delta_T} = (6.09 + 0.04)_{0}^{+0.012}\,mm = 6.13_{0}^{+0.012}\,mm$$

校核：由 $|\delta_T| + |\delta_A| \leqslant 2c_{max} - 2c_{min}$

可得 $0.008 + 0.012 \leqslant 0.06 - 0.04$

即，$0.002 = 0.002$（满足间隙公差条件）

孔距尺寸：$L_d = L \pm \dfrac{1}{8}\Delta = (18 \pm 0.125 \times 2 \times 0.09)\,mm = 18 \pm 0.023\,mm$

（2）落料：

$$D_A = (D_{max} - x\Delta)_{0}^{+\delta_A} = (36 - 0.5 \times 0.62)_{0}^{+0.025}\,mm = 35.69_{0}^{+0.025}\,mm$$

$$D_T = (D_A - 2c_{min})_{-\delta_T}^{0} = (35.69 - 0.04)_{-0.016}^{0}\,mm = 35.65_{-0.016}^{0}\,mm$$

校核：$0.016 + 0.025 = 0.04 > 0.02$（不能满足间隙公差条件），因此只有缩小 δ_T、δ_A，提高制造精度，才能保证间隙在合理范围内，由此取：

$$\delta_T \leqslant 0.4(2c_{max} - 2c_{min}) = 0.4 \times 0.02\,mm = 0.008\,mm$$

$$\delta_A \leqslant 0.6(2c_{max} - 2c_{min}) = 0.6 \times 0.02\,mm = 0.012\,mm$$

故：

$$D_A = 35.69_{0}^{+0.012}\,mm$$

$$D_T = 35.65_{-0.008}^{0}\,mm$$

任务拓展 >>>

如图 2-53 所示的凹形板落料件，其中 $a = 80_{-0.42}^{0}$ mm，$b = 40_{-0.32}^{0}$ mm，$c = 35_{-0.34}^{0}$ mm，$d = 22 \pm 0.14$ mm，$e = 15_{-0.12}^{0}$ mm，板料厚度 $t = 1$ mm，材料为 10 号钢。试计算冲裁件的凸模、凹模刃口尺寸及

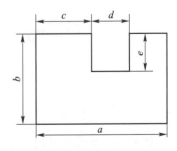

图 2-53　凹形板落料件

制造公差。

解：该冲裁件属于落料件，选凹模为设计基准件，只需要计算落料凹模刃口尺寸及制造公差，凸模刃口尺寸由凹模实际尺寸按间隙要求配作。

由表 2-18 查得：$2c_{max} = 0.14$ mm，$2c_{min} = 0.10$ mm。由公差表查得工件各尺寸的公差等级，然后确定 x，尺寸为 80 mm 处，选 $x = 0.5$；尺寸为 15 mm 处，选 $x = 1$；其余尺寸均选 $x = 0.75$。

落料凹模的基本尺寸计算如下：

第一类尺寸，凹模磨损后会增大的尺寸：

$$a_{凹} = (80 - 0.5 \times 0.42)_{0}^{+\frac{1}{4} \times 0.42} \text{ mm} = 79.79_{0}^{+0.105} \text{ mm}$$

$$b_{凹} = (40 - 0.75 \times 0.34)_{0}^{+\frac{1}{4} \times 0.34} \text{ mm} = 39.75_{0}^{+0.085} \text{ mm}$$

$$c_{凹} = (35 - 0.75 \times 0.34)_{0}^{+\frac{1}{4} \times 0.34} \text{ mm} = 34.75_{0}^{+0.085} \text{ mm}$$

第二类尺寸，凹模磨损后会减小的尺寸：

$$d_{凹} = (21.86 + 0.75 \times 0.28)_{-\frac{1}{4} \times 0.28}^{0} \text{ mm} = 22.07_{-0.07}^{0} \text{ mm}$$

第三类尺寸，磨损后基本不变的尺寸：

$$e_{凹} = \left[(15 - 0.5 \times 0.12) \pm \frac{1}{8} \times 0.12 \right] \text{ mm} = (14.94 \pm 0.015) \text{ mm}$$

落料凸模的基本尺寸与凹模相同，分别是 79.79 mm，39.75 mm，34.75 mm，22.07 mm，14.94 mm，不必标注公差，但要在技术条件中注明：凸模实际刃口尺寸与落料凹模配制，保证最小双面合理间隙 $2c_{min} = 0.10$ mm。落料凹模、凸模尺寸如图 2-54 所示。

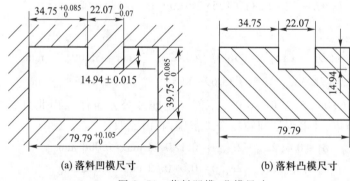

(a) 落料凹模尺寸 (b) 落料凸模尺寸

图 2-54 落料凹模、凸模尺寸

任务7 冲裁力及压力中心的确定

微课
冲裁力与压力中心的计算

任务陈述 >>>

通过本任务的学习，了解冲裁力的组成，掌握冲裁力计算及压力机公称压力的选取方法；如图 2-55 所示为双孔方垫圈零件图（材料为 20 号钢，板料厚度 t =

1 mm),完成其冲裁所需的冲压力及压力中心位置的计算;掌握模具压力中心确定的方法。

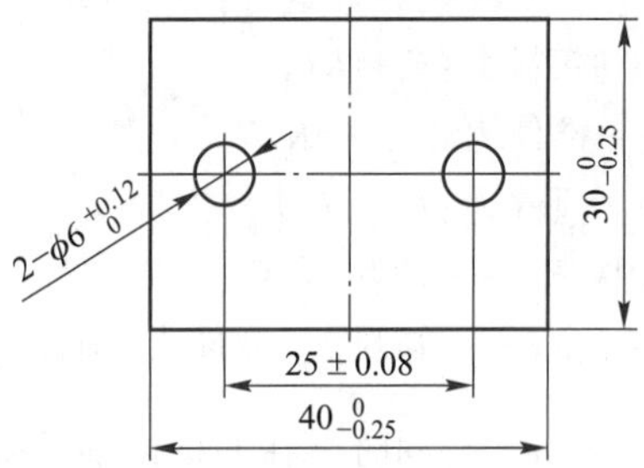

图 2-55　双孔方垫圈零件图

知识准备 >>>

知识点 1　冲裁力的计算

冲裁力是冲裁过程中凸模对板料施加的压力,它随凸模进入材料的深度(凸模行程)而变化。通常说的冲裁力是指冲裁力的最大值,它是选用压力机和设计模具的重要依据之一。

1. 冲裁力的计算

(1)用普通平刃口模具冲裁时,其冲裁力 F_P 一般按下式计算:

$$F_P = KLt\tau_b$$

式中,F_P——冲裁力/N;

L——冲裁周边长度/mm;

t——材料厚度/mm;

τ_b——材料抗剪强度/MPa;

K——系数。

系数 K 是考虑到实际生产中,模具间隙值的波动和不均匀、刃口的磨损、板料力学性能和厚度波动等因素的影响而给出的修正系数。一般取 $K = 1.3$。

为计算简便,也可按下式估算冲裁力:

$$F \approx Lt\sigma_b$$

式中,σ_b——材料的抗拉强度/MPa。

(2)用斜刃口冲裁时,冲裁力一般按下式计算:

$$F_{斜} = KLt\tau\ (其中,K = 0.2 \sim 0.6)$$

2. 辅助力的计算——卸料力、推件力、顶件力

冲裁结束时,由于材料的弹性回复(包括径向弹性回复和弹性翘曲的回复)及摩擦,使冲落的材料塞在凹模内,而冲裁剩下的材料则紧箍在凸模上。为使冲裁工作继续进行,必须将箍在凸模上的料卸下,将卡在凹模内的料推出。从凸模上卸下紧箍的料所需要的力称为卸料力;将塞在凹模内的料顺冲裁方向推出所需要的力称为推件力;逆冲裁方向将料从凹模内顶出所需要的力称为顶件力,如图 2-56 所示。

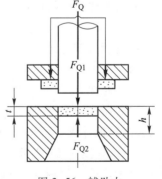

图 2-56　辅助力

卸料力、推件力和顶件力是由压力机和模具卸料装置或顶件装置传递的。所以在选择设备的公称压力或设计冲模时,应分别予以考虑。影响这些力的因素较多,主要有材料的力学性能、材料厚度、模具间隙、凹模洞口的结构、搭边大小、润滑情况、制件的形状和尺寸等。要准确计算这些力很困难,生产中常用经验公式计算。

卸料力: $F_Q = KF_p$

推件力: $F_{Q1} = nK_1F_p$

顶件力: $F_{Q2} = K_2F_p$

式中, F_p——冲裁力 N;

K、K_1、K_2——卸料力、推件力、顶件力系数,见表 2-23;

n——同时卡在凹模内的冲裁件(或废料)数, $n = \dfrac{h}{t}$;

h——凹模洞口的直刃壁高度/mm。

表 2-23 卸料力、推件力、顶件力系数

料厚 t/mm		K	K_1	K_2
钢	≤0.1	0.065~0.075	0.1	0.14
	>0.1~0.5	0.045~0.055	0.63	0.08
	>0.5~2.5	0.04~0.05	0.55	0.06
	>2.5~6.5	0.03~0.04	0.45	0.05
	>6.5	0.02~0.03	0.25	0.03
铝、铝合金		0.025~0.08	0.03~0.07	
纯铜、黄铜		0.02~0.06	0.03~0.09	

注:卸料力系数 K,在冲多孔、大搭边和轮廓复杂制件时取上限值。

3. 压力机公称压力的确定

压力机的公称压力必须大于或等于各种冲压工艺力的总和 F_{P_Σ}。F_{P_Σ} 的计算应根据不同的模具结构区分计算。

采用弹性卸料装置和下出料方式的冲裁模时:

$$F_{P_\Sigma} = F_P + F_Q + F_{Q1}$$

采用弹性卸料装置和上出料方式的冲裁模时:

$$F_{P_\Sigma} = F_P + F_Q + F_{Q2}$$

采用刚性卸料装置和下出料方式的冲裁模时:

$$F_{P_\Sigma} = F_P + F_{Q1}$$

4. 降低冲裁力的方法

为实现小设备冲裁大工件,或使冲裁过程平稳以减少压力机振动,常用下列方法来降低冲裁力。

(1)阶梯凸模冲裁 在多凸模的冲模中,将凸模设计成不同长度,使工作端面呈阶梯式布置,如图 2-57 所示,这样,各凸模冲裁力的最大峰值不同时出现,从而达到降低冲裁力的目的。

在几个凸模直径相差较大,相距又很近时,为避免小直径凸模由于承受材料流动的

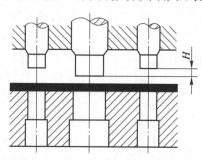

图 2-57 凸模的阶梯式布置

侧压力而产生折断或倾斜现象,应该采用阶梯布置,即将小凸模做短一些。

凸模间的高度差 H 与板料厚度 t 有关,即 $t<3$ 时 $H=t$;$t>3$ 时 $H=0.5t$。

阶梯凸模冲裁的冲裁力,一般只按产生最大冲裁力的那个阶梯进行计算。

（2）**斜刃冲裁**　用平刃口模具冲裁时,沿刃口整个周边同时冲切材料,故冲裁力较大。若将凸模（或凹模）刃口平面做成与其轴线倾斜一定角度的斜刃,则冲裁时刃口不全部同时切入,而是逐步将材料切断,这样就相当于把冲裁件整个周边长分成若干小段进行剪切分离,因而能显著降低冲裁力,斜刃形式如图 2-58 所示。

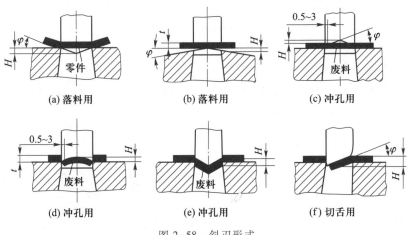

图 2-58　斜刃形式

斜刃冲裁时,板料会产生弯曲。因而,斜刃配置原则上必须保证工件平整,只允许废料发生弯曲变形。因此,落料时凸模应为平刃,将凹模作成斜刃,如图 2-58（a）、图 2-58（b）所示。冲孔时凹模应为平刃,凸模为斜刃,如图 2-58（c）~图 2-58（e）所示。斜刃还应当对称布置,以免冲裁时模具承受单向侧压力而发生偏移,啃伤刃口,如图 2-58（a）~图 2-58（e）所示。向一边斜的斜刃,只能用于切舌或切开,如图 2-58（f）所示。

斜刃冲模虽有降低冲裁力使冲裁过程平稳的优点,但模具制造复杂,刃口易磨损,修磨困难,冲件不够平整,且不适用于冲裁外形复杂的冲件,因此一般只用于大型冲件或厚板的冲裁。

采用斜刃冲裁或阶梯凸模冲裁时,虽然减低了冲裁力,但凸模进入凹模较深,冲裁行程增加,因此这些模具省力而不省功。

（3）**加热冲裁（红冲）**　金属在常温时抗剪强度是固定的,但是,当金属材料加热到一定的温度后,其抗剪强度显著降低,所以加热冲裁能降低冲裁力。但加热冲裁易破坏工件表面质量,同时会产生热变形,精度低,因此应用比较少。

知识点2　压力中心的确定

模具的压力中心就是冲压力合力的作用点。为了保证压力机和模具的正常工作,应使模具的压力中心与压力机滑块的中心线相重合。否则,冲压时滑块就会承受偏心载荷,导致滑块导轨和模具导向部分磨损不正常,还无法保证合理间隙,从而影响制件质量,降低模具寿命甚至损坏模具。在实际生产中,可能会出现由于冲件的形状特殊或排样特殊,从模具结构设计与制造考虑,不宜使压力中心与模柄中心线相重合的情况,这时应注意使压力中心的偏离不致超出所选用压力机允许的范围。

1. 简单几何图形压力中心的位置

(1) 对称冲件的压力中心,位于冲件轮廓图形的几何中心上。

(2) 冲裁直线段时,其压力中心位于直线段的中心。

(3) 冲裁圆弧线段时,其压力中心的位置,如图 2-59 所示,按下式计算:

$$y = 180R\sin\alpha/\pi\alpha = Rs/b$$

式中,b——弧长。其他符号意义见图 2-59。

2. 多凸模压力中心的确定

多凸模的压力中心可用解析法求出,即将各凸模的压力中心确定后,再计算模具的压力中心,如图 2-60 所示。

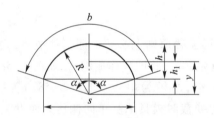
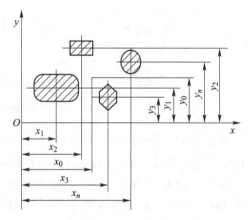

图 2-59 冲裁圆弧线段时压力中心的位置　　图 2-60 解析法求多凸模压力中心

多凸模压力中心计算步骤如下:

① 按比例画出每一个凸模刃口轮廓的位置;

② 在任意位置画出坐标轴线 x、y,坐标轴位置选择适当可使计算简化。在选择坐标轴位置时,应尽量把坐标原点取在某一刃口轮廓的压力中心,或使坐标轴线尽可能多的通过凸模刃口轮廓的压力中心,坐标原点最好是几个凸模刃口轮廓压力中心的对称中心;

③ 分别计算各凸模刃口轮廓的压力中心及坐标位置 x_1、$x_2 \cdots x_n$ 和 y_1、$y_2 \cdots y_n$;

④ 分别计算各凸模刃口轮廓的冲裁力 F_1、$F_2 \cdots F_n$ 或每一个凸模刃口轮廓的周长 L_1、$L_2 \cdots L_n$;

⑤ 对于平行力系,冲裁力的合力等于各力的代数和,即:

$$F = F_1 + F_2 + \cdots + F_n$$

⑥ 根据力学定理,合力对某轴的力矩等于各分力对同轴力矩的代数和,则可

得压力中心坐标$(x_0、y_0)$计算公式：

$$x_0 = \frac{F_1x_1 + F_2x_2 + \cdots + F_nx_n}{F_1 + F_2 + \cdots + F_n} = \frac{\sum\limits_{i=1}^{n} F_ix_i}{\sum\limits_{i=1}^{n} F_i}$$

$$y_0 = \frac{L_1y_1 + L_2y_2 + \cdots + L_ny_n}{L_1 + L_2 + \cdots + L_n} = \frac{\sum\limits_{i=1}^{n} L_iy_i}{\sum\limits_{i=1}^{n} L_i}$$

因为冲裁力与周边长度成正比，所以式中各冲裁力 F_1、$F_2 \cdots F_n$ 可分别用冲裁周边长度 L_1、$L_2 \cdots L_n$ 代替，即：

$$x_0 = \frac{L_1x_1 + L_2x_2 + \cdots + L_nx_n}{L_1 + L_2 + \cdots + L_n} = \frac{\sum\limits_{i=1}^{n} L_ix_i}{\sum\limits_{i=1}^{n} L_i}$$

$$y_0 = \frac{L_1y_1 + L_2y_2 + \cdots + L_nx_n}{L_1 + L_2 + \cdots + L_n} = \frac{\sum\limits_{i=1}^{n} L_iy_i}{\sum\limits_{i=1}^{n} L_i}$$

任务实施 >>>

试确定如图 2-55 所示双孔方垫圈（材料为 20 号钢，材料厚度 $t = 1$ mm）的冲裁所需的总冲压力及压力中心位置。

解：（1）冲裁所需的总冲压力：由图可知，该零件包含冲孔、落料两个过程，可以采用单工序冲裁，也可以采用冲孔、落料复合模完成。

采用弹性卸料装置和上出料方式的冲裁模时，冲压工艺力的总和 $F_{P\Sigma}$ 为：

$$F_{P\Sigma} = F_P + F_Q + F_{Q2}$$

由冲裁力 $F_P = KLt\tau_b$

式中：$K = 1.3, t = 1$，查表得：$\tau_b = 280 \sim 400$ MPa，计算时取最大值；

$L = 2(A+B) + 2\pi d = [2(40+30) + 2 \times 3.14 \times 6]$ mm $= 177.68$ mm ≈ 178 mm；

$$F_P = KLt\tau_b = 1.3 \times 178 \times 1 \times 400 = 92\ 560 \text{ N}$$

由卸料力 $F_Q = KF_P$

查表 2-23：取 $K = 0.05$

$$F_Q = KF_P = 0.05 \times 92\ 560 \text{ N} = 4\ 628 \text{ N}$$

由顶件力 $F_{Q2} = K_2 F_P$

查表 2-23，取 $K_2 = 0.06$

$$F_{Q2} = K_2 F_P = 0.06 \times 92\ 560 \text{ N} \approx 5\ 554 \text{ N}$$

故有：$F_{P\Sigma} = (92\ 560 + 4\ 628 + 5\ 554)$ N $= 102\ 742$ N $\approx 1.03 \times 10^5$ N

（2）压力中心位置的确定：该零件上下、左右都对称，因为对称冲件的压力中心位于冲件轮廓图形的几何中心上，故该件的压力中心在两条中心线的交点处。

任务拓展 >>>

复杂形状零件模具压力中心的确定：复杂形状零件模具压力中心的计算原理与多凸模冲裁压力中心的计算原理相同（如图 2-61 所示）。其具体步骤如下：

① 选定坐标轴 x 和 y；

② 将组成图形的轮廓线划分为若干简单的线段，求出各线段长度 L_1、L_2…L_n；

③ 确定各线段的中心位置 x_1、x_2…x_n 和 y_1、y_2…y_n；

④ 按解析法公式计算出压力中心的坐标 (x_0, y_0)。

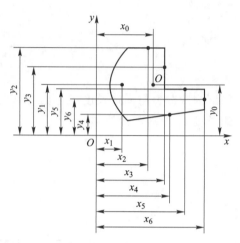

图 2-61　解析法求复杂形状零件模具压力中心

冲裁模压力中心的确定，除上述的解析法外，还可以用作图法和悬挂法。但因作图法精确度不高，方法也不简单，因此在应用中受到一定的限制，逐渐被计算机辅助设计所取代。

悬挂法的理论根据是用匀质金属丝代替均布于冲裁件轮廓的冲裁力，该模拟件的重心就是冲裁的压力中心。具体做法是用匀质细金属丝沿冲裁轮廓弯制成模拟件，然后用缝纫线将模拟件悬吊起来。并从吊点作铅垂线；再取模拟件的另一点，以同样的方法作另一铅垂线，两垂线的交点即为压力中心。以前悬挂法多用于确定复杂零件的模具压力中心，现在也基本被计算机辅助设计所取代。

任务 8　冲裁模具零部件设计

任务陈述 >>>

尽管各类冲裁模具的结构形式和复杂程度不同，组成模具的零件有多有少，但组成冲裁模具的零部件仍主要是表 1-3 中所列的几类。本任务主要学习常见冲裁模具零部件的设计。

通过本任务的学习，初步了解冲裁模具的组成，熟练掌握工作零件、定位零件的选择及设计方法，熟悉卸料与推件装置的形式及应用，学会模架及组成零件的设计及选用。

因本任务后面单独安排了训练实施,因此不再安排任务实施。

知识准备 >>>

知识点 1　工作零件

1. 凸模

(1) 凸模的结构形式及其固定方法　由于冲件的形状和尺寸不同,冲模的加工以及装配工艺等实际条件亦不同,所以在实际生产中使用的凸模结构形式很多。其截面形状有圆形和非圆形;刃口形状有平刃和斜刃等;结构有整体式、镶拼式、阶梯式、直通式和带护套式等。凸模的固定方法有台肩固定,铆接、螺钉和销钉固定,黏结剂浇注法固定等。

动画
凸模的安装
(台阶)

下面通过介绍圆形和非圆形凸模、大中型和小孔凸模,来分析凸模的结构形式、固定方法、特点及应用场合。

① 圆形凸模　按标准规定,圆形凸模有三种形式,如图 2-62 所示。

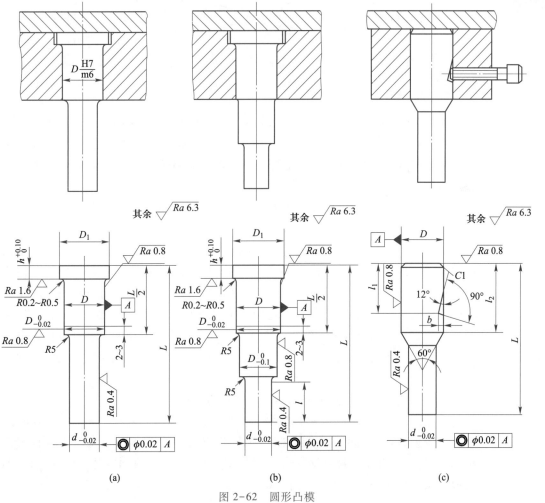

(a)　(b)　(c)

图 2-62　圆形凸模

台阶式凸模强度刚性较好，装配修磨方便，其工作部分的尺寸由计算而得；与凸模固定板配合部分按过渡配合(H7/m6 或 H7/n6)制造；最大直径的作用是形成台肩，以便固定，保证工作时凸模不被拉出。

如图 2-62(a)所示，用于较大直径的凸模，如图 2-62(b)所示，用于较小直径的凸模，它们适用于冲裁力和卸料力大的场合。如图 2-62(c)所示，是快换式的小凸模，维修更换方便。

② 非圆形凸模　在实际生产中广泛应用的非圆形凸模，如图 2-63 所示。凡是截面为非圆形的凸模，如果采用台阶式结构，其固定部分应尽量简化成简单形状的几何截面(圆形或矩形的)。

动画
凸模的安装
(铆接)

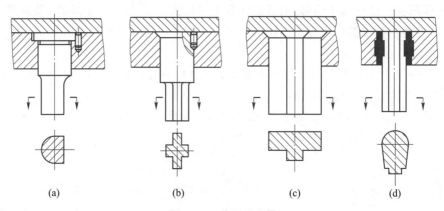

(a)　　　　　　(b)　　　　　　(c)　　　　　　(d)

图 2-63　非圆形凸模

如图 2-63(a)所示是台肩固定，如图 2-63(b)所示是铆接固定，这两种固定方法应用较广泛，但不论哪一种固定方法，只要工作部分截面是非圆形的，而固定部分是圆形的，都必须在固定端接缝处加防转销。以铆接法固定时，铆接部位的硬度较工作部分要低。

如图 2-63(c)和图 2-63(d)所示是直通式凸模。直通式凸模用线切割加工或成形铣、成形磨削加工。截面形状复杂的凸模，广泛应用这种结构。

如图 2-63(d)所示是用低熔点合金浇注固定。用低熔点合金等黏结剂固定凸模的方法优点在于，当多凸模冲裁时(如发电机定、转子冲槽孔)，可以简化凸模固定板加工工艺，便于在装配时保证凸模与凹模合理均匀的间隙。此时，凸模固定板上的安装孔尺寸较凸模大，留有一定的间隙，以便充填黏结剂。为了黏结牢靠，在凸模的固定端或固定板相应的孔上应开设一定的槽形。常用的黏结剂有低熔点合金、环氧树脂、无机黏结剂等，各种黏结剂均有特定配方，及特定配制方法，有的在市场上可以直接买到。

黏结剂浇注法也可用于凹模、导柱、导套的固定。

③ 大中型凸模　大中型冲裁凸模，有整体式和镶拼式两种。如图 2-64(a)所示是大中型整体式凸模，直接用螺钉、销钉固定。如图 2-64(b)所示为镶拼式凸模，它不但节约贵重的模具钢，而且减少锻造、热处理和机械加工的难度，因而大型凸模宜采用这种结构。关于镶拼式结构的设计方法，将在后面详细叙述。

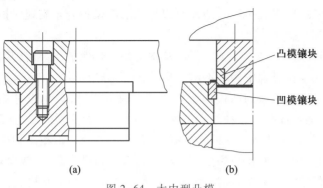

图 2-64　大中型凸模

④ 冲小孔凸模　所谓小孔,一般指孔径 d 小于被冲板料的厚度或直径,或 $d<1$ mm 的圆孔和面积 $A<1$ mm^2 的异形孔,它们大大超过了对一般冲孔零件结构工艺性的要求。

冲小孔的凸模强度和刚度差,容易弯曲和折断,所以必须采取措施提高它的强度和刚度,从而提高其使用寿命。主要方法有以下几种:

a. 冲小孔凸模加保护与导向结构有两种,如图 2-65 所示,即局部保护与导向和全长保护与导向。如图 2-65(a)、图 2-65(b)所示是局部导向结构,它利用弹压卸料板对凸模进行保护与导向。

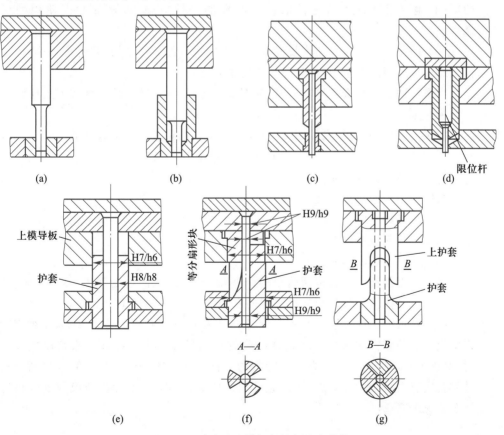

图 2-65　冲小孔凸模加保护与导向结构

如图 2-65(c)、图 2-65(d)所示是以简单的凸模护套来实现保护,并以卸料板导向,其效果较好。

如图 2-65(e)~图 2-65(g)所示,基本上是全长保护与导向,其护套装在卸料板或导板上,在工作过程中始终不离上模导板、等分扇形块或上护套。模具处于闭合状态,护套上端也不碰到凸模固定板。当上模下压时,护套相对上滑,凸模从护套中相对伸出进行冲孔。这种结构避免了小凸模可能受到侧压力,防止小凸模弯曲和折断。尤其是图 2-65(f)所示结构,具有三个等分扇形槽的护套,可在固定的三个等分扇形块中滑动,使凸模始终处于三向保护与导向之中,效果较图 2-65(e)所示结构好,但结构较复杂,制造困难。而图 2-65(g)所示结构较简单,导向效果也较好。

b. 采用短凸模的冲孔模。采用厚垫板超短凸模结构,由于凸模大为缩短,同时其又以卸料板为导向,因此大大提高了凸模的刚度。

c. 在冲模的其他结构设计与制造上采取保护小凸模措施。如提高模架刚度和精度;采用较大的冲裁间隙;采用斜刃壁凹模以减小冲裁力;取较大卸料力(一般取冲裁力的 10%);保证凸、凹模间隙的均匀性并减小工作表面粗糙度等。

在实际生产中,不仅是孔的尺寸小于结构工艺性许可值,或经过校核后凸模的强度和刚度小于特定条件下的许可值时,才采取必要措施以增强凸模的强度和刚度。即使尺寸稍大于许可值的凸模,考虑到模具制造和使用等各种因素的影响,也要根据具体情况采取一些必要的保护措施,以增加冲模使用的可靠性。

(2)凸模长度计算　凸模长度尺寸应根据模具的具体结构,并考虑修磨、固定板与卸料板之间的安全距离、装配等需要来确定。

当采用固定卸料板和导料板时,如图 2-66(a)所示,其凸模长度按下式计算:

$$L=h_1+h_2+h_3+h$$

但采用弹压卸料板时,如图 2-66(b)所示,其凸模长度按下式计算:

$$L=h_1+h_2+t+h$$

式中,L——凸模长度/mm;

h_1——凸模固定板厚度/mm;

h_2——卸料板厚度/mm;

h_3——导料板厚度/mm;

t——材料厚度/mm;

h——增加长度。它包括凸模的修磨量、凸模进入凹模的深度(0.5~1mm)、凸模固定板与卸料板之间的安全距离等,一般取 10~20mm。

(3)凸模的强度校核　在一般情况下,凸模的强度和刚度是足够的,无须进行强度校核。但对特别细长的凸模或凸模的截面尺寸很小而冲裁的板料厚度较厚时,必须进行承压能力和抗纵弯曲能力的校核。其目的是检查凸模的危险断面尺寸和自由长度是否满足要求,以防止凸模纵向失稳和折断。冲裁凸模强度校核计算公式见表 2-24。

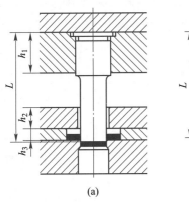
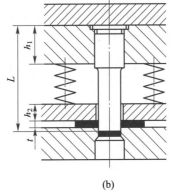

图 2-66　凸模长度尺寸

表 2-24　冲裁凸模强度校核计算公式

校核内容		计算公式		式中符号意义
弯曲应力	简图	无导向	有导向	L——凸模允许的最大自由长度/mm； D——凸模最小直径/mm； A——凸模最小断面/mm²； J——凸模最小断面的惯性矩/mm⁴； F——冲裁力/N； t——冲压材料厚度/mm； τ——冲压材料抗剪强度/MPa； $\sigma_压$——凸模材料的许用压应力/MPa，碳素工具钢淬火后的许用压应力一般为淬火前的 1.5~3 倍
	圆形	$L \leqslant 90 \dfrac{d^2}{\sqrt{F}}$	$L \leqslant 270 \dfrac{d^2}{\sqrt{F}}$	
	非圆形	$L \leqslant 416 \sqrt{\dfrac{J}{F}}$	$L \leqslant 1\,180 \sqrt{\dfrac{J}{F}}$	
压应力	圆形	$d \geqslant \dfrac{4t\tau}{\sigma_压}$		
	非圆形	$A \geqslant \dfrac{F}{\sigma_压}$		

2. 凹模

凹模类型很多,其外形有圆形和板形;结构有整体式和镶拼式;刃口有平刃和斜刃。

(1) 凹模外形结构及其固定方法　如图 2-67(a)、图 2-67(b)所示为两种标准的圆形凹模及其固定方法。这两种圆形凹模尺寸都不大,直接装在凹模固定板中,主要用于冲孔。

如图 2-67(c)所示是采用螺钉和销钉直接固定在支承件上的凹模,这种凹模板已经有标准,可与标准固定板、垫板和模座等配合使用。如图 2-67(d)所示为快换式冲孔凹模固定方法。

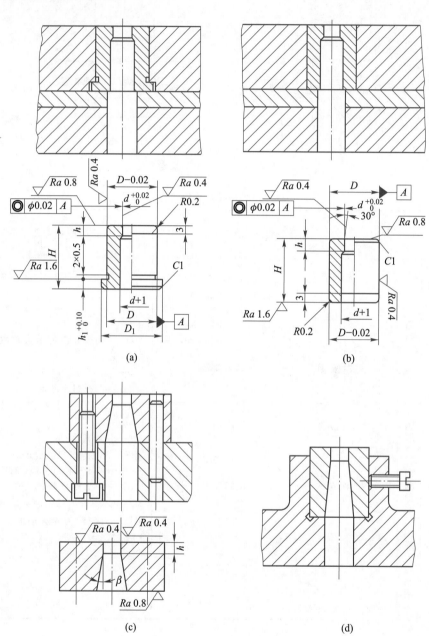

图 2-67　两种标准的圆形凹模及其固定方法

凹模采用螺钉和销钉定位固定时,要保证螺钉(或沉孔)间、螺孔与销孔间及螺孔、销孔与凹模刃壁间的距离不能太近,否则会影响模具寿命。孔距的最小值可参考表 2-25。

表 2-25 螺孔(或沉孔)、销钉之间及与凹模刃壁间的最小距离　　　　mm

简图	

螺钉孔		M4	M6	M8	M10	M12	M16	M20	M24
s_1	淬火	8	10	12	14	16	20	25	30
	不淬火	6.5	8	10	11	13	16	20	25
s_2	淬火	7	12	14	17	19	24	28	35
s_3	淬火	5							
	不淬火	3							

销钉孔 d/mm		2	3	4	5	6	8	10	12	16	20	25
s_4	淬火	5	6	7	8	9	11	12	15	16	20	25
	不淬火	3	3.5	4	5	6	7	8	10	13	16	20

（2）凹模刃口形式　凹模按结构分为整体式和镶拼式,这里介绍整体式凹模。冲裁凹模的刃口形式有直筒形和锥形两种。选用刃口形式时,主要应根据冲裁件的形状、厚度、尺寸精度以及模具的具体结构来决定,其刃口形式及主要参数见表 2-26。

表 2-26 凹模刃口形式及主要参数

刃口形式	序号	简图	特点及适用范围
直筒形刃口	1		1. 刃口为直筒式,强度高,修磨后刃口尺寸不变。 2. 用于冲裁大型或精度要求较高的零件,模具装有顶出装置,不适用于下漏料的模具
	2		1. 刃口强度较高,修磨后刃口尺寸不变。 2. 凹模内易积存废料或冲裁件,尤其间隙较小时,刃口直壁部分磨损较快。 3. 用于冲裁形状复杂或精度要求较高的零件
	3		1. 特点同序号 2,且刃口直壁下面的扩大部分可使凹模加工简单,但采用下漏料方式时刃口强度不如序号 2 的刃口强度高。 2. 用于冲裁形状复杂或精度要求较高的中小型件,也可用于装有顶出装置的模具

续表

刃口形式	序号	简图	特点及适用范围
直筒形刃口	4	20°~30° 2~5 1~2 3~5 1°30′	1. 凹模硬度较低（有时可不淬火），一般为40HRC，可用于手锤敲击刃口外侧斜面，以调整冲裁间隙。 2. 用于冲裁薄而软的金属或非金属零件
锥形刃口	5	α	1. 刃口强度较差，修磨后刃口尺寸略有增大。 2. 凹模内不易积存废料或冲裁件，刃口内壁磨损较慢。 3. 用于冲裁形状简单、精度要求不高的零件
锥形刃口	6	α h β	1. 特点同序号5。 2. 可用于冲裁形状较复杂的零件

主要参数	材料厚度 t/mm	α/(′)	β/(°)	刃口高度 h/mm	备注
	<0.5			≥4	
	0.5~1	15	2	≥5	α 值适用于钳工加工。采用线切割加工时，可取 $\alpha=5′~20′$
	1~2.5			≥6	
	2.5~6	30	3	≥8	
	>6			≥10	

（3）**整体式凹模轮廓尺寸的确定** 冲裁时凹模承受冲裁力和侧向挤压力的作用。由于凹模结构形式和固定方法不同，受力情况又比较复杂，目前还不能用理论方法确定凹模轮廓尺寸。在生产中，通常根据冲裁件的板料厚度和其轮廓尺寸，或凹模孔口刃壁间距离，按经验公式来确定，如图2-68所示。

凹模厚（高）度：$H=kb$

凹模壁厚：$C=(1.5~2)H$

式中，b——凹模刃口的最大尺寸/mm；

k——凹模厚度系数，需要考虑板料厚度的影响，见表2-27。

对于多孔凹模，刃口与刃口之间的距离应满足强度要求，可按复合模的凸凹模

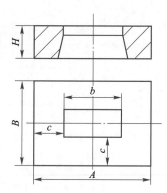

图2-68 凹模轮廓尺寸的确定

最小壁厚进行设计。

表 2-27　凹模厚度系数 k　　　　　　　　　　　　　mm

s	材料厚度 t		
	<1	1~3	3~6
<50	0.30~0.40	0.35~0.50	0.45~0.60
50~100	0.20~0.30	0.22~0.35	0.30~0.45
100~200	0.15~0.20	0.18~0.22	0.22~0.30
>200	0.10~0.15	0.12~0.18	0.15~0.22

3. 凸凹模

凸凹模是复合模中同时具有落料凸模和冲孔凹模作用的工作零件。它的内外缘均为刃口,内外缘之间的壁厚取决于冲裁件的尺寸。凸凹模的最小壁厚与模具结构有关:当模具为正装结构时,内孔不积存废料,胀力小,最小壁厚可以小些;当模具为倒装结构时,若内孔为直筒形刃口形式,且采用下出料方式,则内孔积存废料,胀力大,故最小壁厚应大些。

凸凹模的最小壁厚值,目前一般按经验数据确定,倒装复合模的凸凹模最小壁厚见表 2-28,正装复合模的凸凹模最小壁厚可比倒装的小些。

表 2-28　倒装复合模的凸凹模最小壁厚　　　　　　　　　mm

简图											
材料厚度 t	0.4	0.6	0.8	1.0	1.2	1.4	1.6	1.8	2.0	2.2	2.5
最小壁厚 δ	1.4	1.8	2.3	2.7	3.2	3.6	4.0	4.4	4.9	5.2	5.8
材料厚度 t	2.8	3.0	3.2	3.5	3.8	4.0	4.2	4.4	4.6	4.8	5.0
最小壁厚 δ	6.4	6.7	7.1	7.6	8.1	8.5	8.8	9.1	9.4	9.7	10

4. 凸、凹模的镶拼结构

(1) 镶拼结构的应用场合及镶拼方法　对于大、中型件的凸、凹模或形状复杂、局部薄弱的小型凸、凹模,如果采用整体式结构,将给锻造、机械加工或热处理带来困难,而且发生局部损坏时,会造成整个凸、凹模的报废,因此常采用镶拼结构的凸、凹模。

镶拼结构有镶接和拼接两种:镶接是将局部易磨损部分另做一块,然后镶入凹模或凹模固定板内,如图 2-69 所示;拼接是整个凸、凹模的形状按分段原则分成若干块,分别加工后拼接起来,如图 2-70 所示。

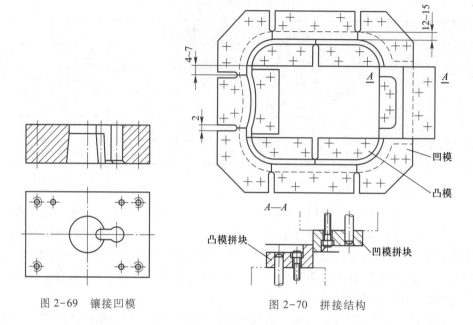

图 2-69　镶接凹模

图 2-70　拼接结构

（2）镶拼结构的设计原则　凸模和凹模镶拼结构设计依据的是凸、凹模形状、尺寸及其受力情况、冲裁板料厚度等。镶拼结构设计的一般原则如下:

① 力求改善加工工艺性,减少钳工工作量,提高模具加工精度。

a. 尽量将形状复杂的内形加工变成外形加工,以便于切削加工和磨削,如图 2-71(a)、图 2-71(b)、图 2-71(d)、图 2-71(g)所示。

b. 尽量使分割后拼块的形状、尺寸相同,可以几块同时加工和磨削,如图 2-71(d)、图 2-71(f)、图 2-71(g)所示,一般沿对称线分割可以实现该目的。

c. 应沿转角、尖角分割,并尽量使拼块角度大于或等于 90°,如图 2-71(j)所示。

d. 圆弧尽量单独分块,拼接线应在离切点 4~7 mm 的直线处,大圆弧和长直线可以分为几块,如图 2-70 所示。

e. 拼接线应与刃口垂直,而且不宜过长,一般为 12~15 mm,如图 2-70 所示。

② 便于装配调整和维修。

a. 比较薄弱或容易磨损的局部凸出或凹进部分,应单独分为一块。如图 2-71(a)所示。

b. 拼块之间应能通过磨削或增减垫片的方法,调整其间隙或保证中心距公差,如图 2-71(h)、图 2-71(l)所示。

c. 拼块之间应尽量以凸、凹槽形相嵌,便于拼块定位,防止冲压过程中发生相对移动,如图 2-71(k)所示。

③ 满足冲压工艺要求,提高冲压件质量。为此,凸模与凹模的拼接线应至少错开 3~5 mm,以免冲裁件产生毛刺;拉深模拼接线应避开材料增厚部位,以免零件表面出现拉痕。

为了减少冲裁力,大型冲裁件或厚板冲裁的镶拼模,可以把凸模（冲孔时）或

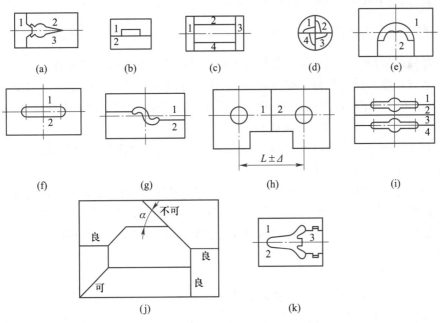

图 2-71 镶拼结构

凹模（落料时）制成波浪形斜刃，如图 2-72 所示。斜刃应对称，拼接面应取在最低或最高处，每块一个或半个波形，斜刃高度 H 一般取板料厚度的 1~3 倍。

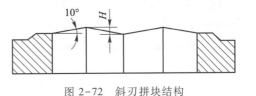

图 2-72 斜刃拼块结构

（3）镶拼结构的固定方法　镶拼结构的固定方法主要有以下几种：

① 平面式固定　即把拼块直接用螺钉、销钉紧固定位于固定板或模座平面上，如图 2-73 所示。这种固定方法主要用于大型的镶拼凸、凹模。

② 嵌入式固定　即把各拼块拼合后嵌入固定板凹槽内，如图 2-73（a）所示。

③ 压入式固定　即把各拼块拼合后，以过盈配合的方式压入固定板孔内，如图 2-73（b）所示。

④ 斜楔式固定　如图 2-73（c）所示。

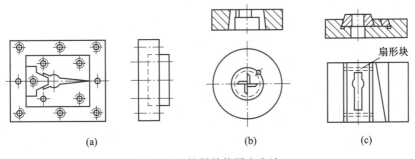

图 2-73 镶拼结构固定方法

此外,还有用黏结剂浇注等固定方法。

知识点2　定位零件

冲模的定位零件用来保证条料的正确送进及在模具中的正确位置。

条料在模具送料平面中必须有两个方向的限位:一是在条料垂直方向上的限位,保证条料沿正确的方向送进,称为送进导向;二是在送料方向上的限位,控制条料一次送进的距离(步距)称为送料定距。

对于块料或工序件的定位,基本也是在两个方向上的限位,只是定位零件的结构形式与条料的有所不同而已。

属于送进导向的定位零件有导料销、导料板、侧压板等;属于送料定距的定位零件有挡料销、导正销、侧刃等;属于块料或工序件的定位零件有定位销、定位板等。

选择定位方式及定位零件时应根据坯料形式、模具结构、冲件精度和生产率等的要求。

1. 导料销、导料板

导料销或导料板是对条料或带料的侧向进行导向,以免送偏的定位零件。

导料销一般设两个,并位于条料的同侧,从右向左送料时,导料销装在后侧;从前向后送料时,导料销装在左侧。导料销可设在凹模面上(一般为固定式的);也可以设在弹压卸料板上(一般为活动式的);还可以设在固定板或下模座平面上(导料螺钉)。

固定式和活动式的导料销可选用标准结构,导料销导向定位多用于单工序模和复合模中。

如图2-26所示是导板式送进导向的模具。具有导料板(或卸料板)的单工序模或级进模,常采用这种送料导向结构。

导料板一般设在条料两侧,其结构有两种:一种是标准结构,如图2-74(a)所示,它与卸料板(或导板)分开制造;另一种是与卸料板制成整体的结构,如图2-74(b)所示。为使条料顺利通过,两导料板间距离应等于条料宽度加上一个间隙值(详见排样及条料宽度计算)。导料板的厚度H取决于导料方式和板料厚度。采用固定挡料销时,导料板厚度见表2-29。

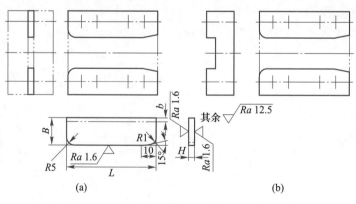

图2-74　导料板结构

表 2-29　导料板厚度 H　　　　　　　　　　　　　　　mm

简图			
材料厚度 t	挡料销高度 h	导料板厚度 H	
		固定导料销	自动导料销
0.3~2	3	6~8	4~8
2~3	4	8~10	6~8
3~4	4	10~12	8~10
4~6	5	12~15	8~10
6~10	8	15~25	10~15

如果只在条料一侧设置导料板,其位置与导料销相同。

2. 侧压装置

如果条料的公差较大,为避免条料在导料板中偏摆,使最小搭边得到保证,应在送料方向的一侧装侧压装置,迫使条料始终紧靠另一侧导料板送进,如图 2-75 所示。

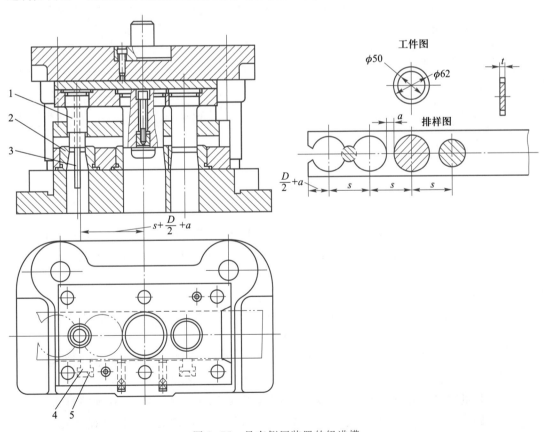

图 2-75　具有侧压装置的级进模

1—凸模;2—凹模;3—挡料杆;4—侧压板;5—侧压簧片

侧压装置的结构形式如图 2-76 所示。标准中的侧压装置有两种:图 2-76 (a) 是弹簧式侧压装置,其侧压力较大,宜用于较厚板料的冲裁模;图 2-76(b) 为簧片式侧压装置,侧压力较小,宜用于板料厚度为 0.3~1 mm 的薄板冲裁模。在实际生产中还有两种侧压装置:图 2-76(c) 是簧片压块式侧压装置,其应用场合与图 2-76(b) 相似;图 2-76(d) 是板式侧压装置,侧压力大且均匀,一般装在模具进料一端,适用于侧刃定距的级进模中。在一副模具中,侧压装置的数量和位置视实际需要而定。

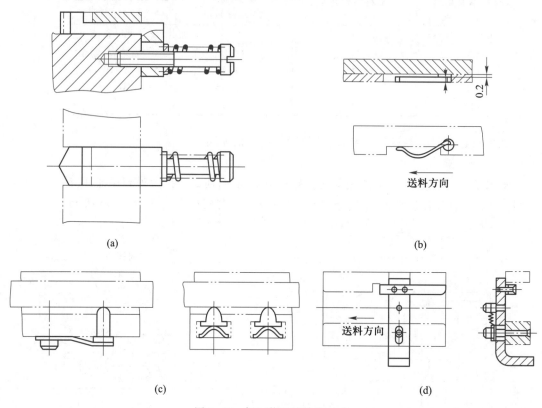

图 2-76 侧压装置的结构形式

应该注意的是,板料厚度在 0.3 mm 以下的薄板不宜采用侧压装置。另外,由于有侧压装置的模具,送料阻力较大,因而备有辊轴自动送料装置的模具也不宜设置侧压装置。

3. 挡料销

挡料销起定位作用,用来挡住搭边或冲件轮廓,以限定条料送进距离。可分为固定挡料销、活动挡料销和始用挡料销。

(1) 固定挡料销 固定挡料销如图 2-77(a) 所示,其结构简单,制造容易,广泛用于冲制中、小型冲裁件的挡料定距;其缺点是销孔离凹模刃壁较近,削弱了凹模的强度。在标准中还有一种钩形挡料销,如图 2-77(b) 所示,这种挡料销的销孔距离凹模刃壁较远,不会削弱凹模强度,但为了防止钩头在使用过程中发生转动,需考虑防转。

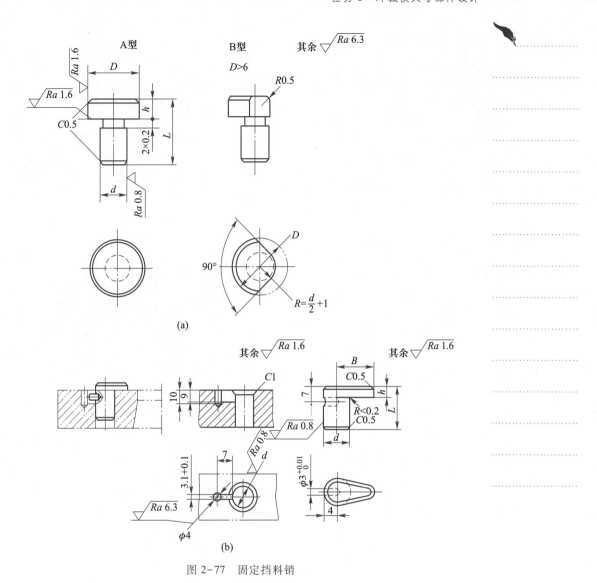

图 2-77　固定挡料销

（2）**活动挡料销**　标准结构的活动挡料销如图 2-78 所示。

图 2-78（a）为弹簧弹顶挡料装置；图 2-78（b）是扭簧弹顶挡料装置；图 2-78（c）为橡胶弹顶挡料装置；图 2-78（d）为回带式挡料装置。回带式挡料装置的挡料销对着送料方向带有斜面，送料时搭边碰撞斜面使挡料销跳起并越过搭边，然后将条料后拉，挡料销便挡住搭边而定位。即每次送料都要先推后拉，做方向相反的两个动作，操作比较麻烦。采用哪一种结构形式挡料销，需根据卸料方式、卸料装置的具体结构及操作等因素决定。回带式挡料装置常用在具有固定卸料板的模具上；其他形式的常用在具有弹压卸料板的模具上。

（3）**始用挡料装置**　如图 2-79 所示为标准结构的始用挡料销。始用挡料销一般用在以导料板送料导向的级进模和单工序模中。一副模具用几个始用挡料销取决于冲裁排样方法及工位数。采用始用挡料销，可提高材料利用率。

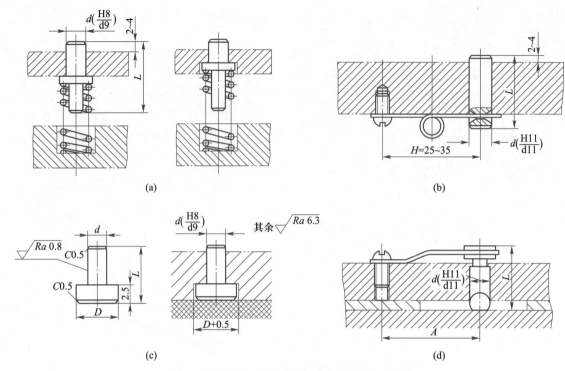

(a)

(b)

(c)

(d)

图 2-78 标准结构的活动挡料销

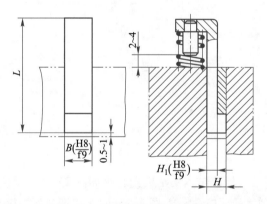

图 2-79 标准结构的活动挡料销

▌任务拓展 ▶▶▶

1. 侧刃

在级进模中,为了限定条料送进距离,在条料侧边冲切出一定尺寸缺口的凸模,称为侧刃。其定距精度高、可靠性高,一般用于薄料、定距精度和生产效率要求高的冲裁模。

如图 2-38 所示是使用侧刃定距的级进模。标准侧刃结构如图 2-80 所示。按侧刃的工作端面形状分为 Ⅰ 型和 Ⅱ 型两类。Ⅱ 型多用于厚度为 1 mm 以上的较厚板料的冲裁。冲裁前凸出部分先进入凹模导向,以免由于侧压力导致侧刃损坏(工作时侧刃是单边冲切)。按侧刃的截面形状分为长方形侧刃和成形侧刃两类。图 2-80 Ⅰ A 型和 Ⅱ A 型为长方形侧刃,其结构简单,制造容易,但当刃口尖角磨损后,在条料侧边形成的毛刺会影响送进和定位的准确性,如图 2-81(a)所示。采用成形侧刃时,若条料侧边形成毛刺,毛刺将离开导料板和侧刃挡板的定位面,最终送进顺利,定位准确,如图 2-81(b)所示。但这种侧刃使切边宽度增加,材料消耗增多,侧刃较复杂,制造较困难。长方形侧刃一般用于板料厚度小于 1.5 mm,冲裁件精度要求不高的送料定距;成形侧刃用于板料厚度小于 0.5 mm,冲裁件精度要求较高的送料定距。

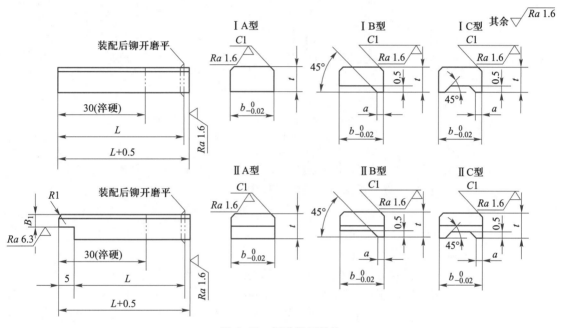

图 2-80 标准侧刃结构

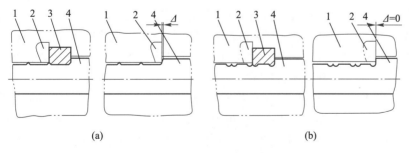

(a)   (b)

图 2-81 两类侧刃定位误差比较

1—导料板;2—侧刃挡块;3—侧刃;4—条料

如图 2-82 所示是尖角形侧刃,它与弹簧挡销配合使用,其工作过程如下:侧刃先在料边冲一缺口,条料送进时,当缺口直边滑过挡料销后,再向后拉条料,至挡料销直边挡住缺口为止。使用这种侧刃定距,材料消耗少,但操作不便,生产率低,可用于冲裁贵重金属。

在实际生产中,往往遇到两侧边或一侧边有一定形状的冲裁件,如图2-83所示。这种零件如果用侧刃定距,则可以设计与侧边形状相应的特殊侧刃(图2-83中1和2),这种侧刃既可定距,又可冲裁零件的部分轮廓。

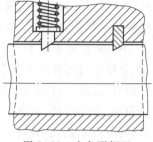

图 2-82　尖角形侧刃

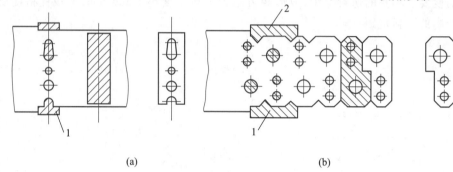

(a)　　　　　　　　　　　　　　　(b)

图 2-83　特殊侧刃

侧刃断面的关键尺寸是宽度 b,其他尺寸按标准规定。宽度 b 原则上等于送料步距,但在侧刃与导正销兼用的级进模中,其宽度为:

$$b = \left[S + (0.05 \sim 0.1) \right]_{-\delta}^{0}$$

式中,b——侧刃宽度/mm;

S——送进步距/mm;

δ——侧刃制造偏差,一般按基轴制选 h6,精密级进模选 h4。

侧刃凹模按侧刃实际尺寸配制,留单边间隙。侧刃数量可以是一个,也可以两个,如图2-38所示。两个侧刃可以在条料两侧并列布置,也可以对角布置,对角布置能够保证料尾的充分利用。

2. 导正销

使用导正销的目的是消除送进导向和送料定距或定位板等粗定位的误差。冲裁中,导正销先进入已冲孔中,导正条料位置,保证孔与外形相对位置公差的要求。导正销主要用于级进模,其结构形式和适用范围见表2-30。导正销通常与挡料销配合使用,也可以与侧刃配合使用。

为了使导正销工作可靠,避免折断,导正销的直径一般应大于 2 mm。孔径小于 2 mm 的孔不宜用导正销导正,但可另冲直径大于 2 mm 的工艺孔进行导正。

导正销的头部由圆锥形的导入部分和圆柱形的导正部分组成,导正部分的直径和高度尺寸及公差很重要,基本尺寸可按下式计算:

$$d = d_{\mathrm{T}} - a$$

式中,d——导正销的基本尺寸/mm;

d_{T}——冲孔凸模的直径/mm;

a——导正销与冲孔凸模直径的差值/mm,见表2-31。

表 2-30　导正销的结构形式和适用范围　　　　　　　　mm

形式	简图	特点及适用范围
固定式导正销	(a)　(b)　(c)　(d)	1. 导正销固定在凸模上,与凸模之间不能相对滑动,送料失误时易发生事故。 2. 常见于工位少的级进模中。图(a)用于 $d<6$ mm 的导正孔;图(b)用于 $d<10$ mm 的导正孔;图(c)用于 $d=10\sim30$ mm 的导正孔;图 d 用于 $d=20\sim50$ mm 的导正孔
活动式导正销	(a)　(b)	1. 导正销装于凸模或固定板上,与凸模之间能相对滑动,送料失误时导正销可缩回,故在一定程度上能起到保护模具的作用。 2. 活动导正销最常见于多工位级进模中,一般用于 $d\leqslant10$ mm 的导正孔

注:1. 导正销导正部分的直径 d 与导正孔之间的配合一般取 H7/h6 或 H7/h7,也可查有关冲压资料进行选择。

2. 导正销导正部分的高度 h 与料厚 t 及导正孔有关,一般取 $h=(0.8\sim1.2)t$,料薄或导正孔大时取大值,也可查有关冲压资料进行选择。

表 2-31　导正销与冲孔凸模直径的差值 a　　　　　　　　mm

材料厚度 t	冲孔凸模直径 d_T						
	1.5~6	6~10	10~16	16~24	24~32	32~42	42~60
<1.5	0.04	0.06	0.06	0.08	0.09	0.10	0.12
1.5~3	0.05	0.07	0.08	0.10	0.12	0.14	0.16
3~5	0.06	0.08	0.10	0.12	0.16	0.18	0.20

按图 2-84(a)方式定位时,挡料销与导正销的中心距为:

$$s_1 = S - \frac{D_T}{2} + \frac{D}{2} + 0.1 = S - \frac{D_T-D}{2} + 0.1$$

按图 2-84(b)方式定位时,挡料销与导正销的中心距为:

$$s_1' = S + \frac{D_T}{2} - \frac{D}{2} - 0.1 = S + \frac{D_T - D}{2} - 0.1$$

式中, S——送料步距/mm;

　　　D_T——落料凸模直径/mm;

　　　D——导料销头部直径/mm;

　　　s_1、s_1'——导料销与落料凸模的中心距/mm。

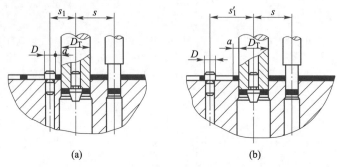

图 2-84　挡料销与导正销的位置关系

3. 定位板和定位销

定位板和定位销用于单个坯料或工序件的定位,其定位方式有两种:外缘定位和内孔定位,如图 2-85 所示。

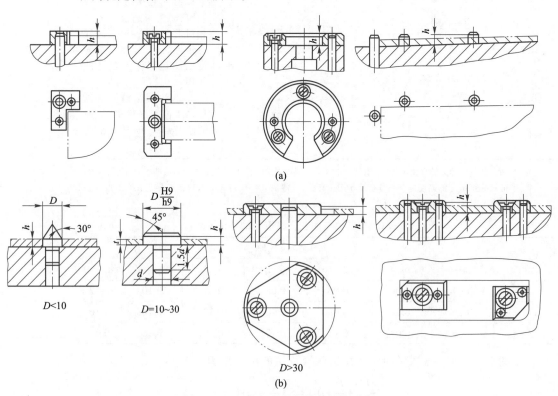

图 2-85　定位板和定位销的结构形式

定位方式可根据坯料或工序件的形状复杂性、尺寸大小和冲压工序性质等具体情况决定。外形比较简单的冲件一般可采用外缘定位,如图 2-85(a)所示;外轮廓较复杂的冲件一般可采用内孔定位,如图 2-85(b)所示。定位板厚度或定位销高度见表 2-32。

表 2-32　定位板厚度或定位销高度　　　　　　　　　　　mm

材料厚度 t	<1	1~3	>3~5
高度(厚度)h	$t+2$	$t+1$	t

思考与练习

1. 简述冲裁间隙与冲裁件断面质量的关系。

2. 试分析冲裁间隙对冲裁件质量、冲裁力、模具寿命的影响。

3. 常用的卸料装置有哪几种? 在使用上有何区别?

4. 降低冲裁力的措施有哪些?

5. 如题图 2-5 所示的汽车开口垫片零件图,材料为 45 号钢,板料厚度 $t=2$ mm。试确定其冲孔、落料的凸、凹模刃口尺寸,并计算冲裁力。

6. 如题图 2-6 所示的电气硅钢片零件图,材料为 D42 号硅钢片,板料厚度 $t=0.35$ mm,如果采用复合模进行冲裁,试确定:

(1) 计算条料宽度和材料利用率;

(2) 画出排样图;

(3) 按配作法计算刃口尺寸;

(4) 画出模具工作零件的结构简图,并将计算结果标注在图上。

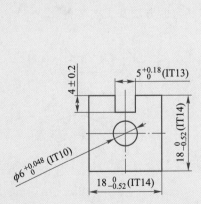

题图 2-5　汽车开口垫片零件图

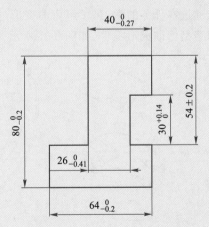

题图 2-6　电气硅钢片零件图

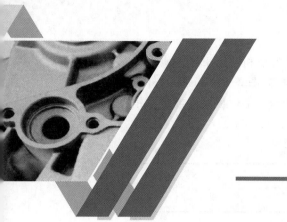

项目三

弯曲工艺与模具设计

弯曲也是冷冲压基本的工序之一。

本项目主要介绍弯曲变形过程、变形特点、弯曲模具结构以及典型弯曲模设计实例。涉及弯曲变形过程分析、弯曲件质量及影响因素、弯曲间隙确定、弯曲卸载后的回弹、弯曲件坯料尺寸的计算、弯曲件的工序安排、弯曲工艺性分析与工艺方案制订、弯曲通用典型结构、零部件设计及模具标准应用、弯曲模设计方法与步骤等。

课件
弯曲工艺与
模具设计

任务1 弯曲变形过程及特点

任务陈述 ▷▷▷

通过本任务的学习,了解弯曲变形过程、变形特点;学会分析其质量影响因素。认识典型弯曲成形零件,如图 3-1 所示,了解其弯曲方法及工艺装备。

微课
弯曲变形过
程及特点

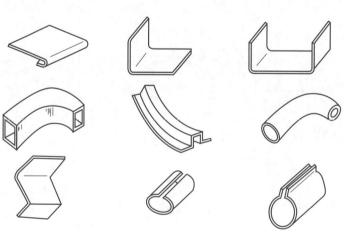

图 3-1 典型弯曲成形零件

知识点1 弯曲概述

弯曲是将板料、管材或棒料等按设计要求弯成一定角度和一定曲率,形成所需形状零件的冲压工序。它属于成形工序,是冲压基本工序之一,在冲压零件生产中应用较普遍,图3-1是用弯曲方法加工一些典型零件。

根据所使用工具与设备的不同,弯曲方法可分为在压力机上利用模具进行的压弯以及在专用弯曲设备上进行的折弯、滚弯、拉弯等,如图3-2所示。各种弯曲方法尽管所用设备与工具不同,但其变形过程及特点有共同规律,下面将主要介绍在生产中应用最多的压弯工艺与弯曲模设计。

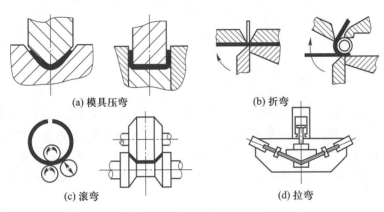

(a) 模具压弯   (b) 折弯

(c) 滚弯   (d) 拉弯

图3-2　弯曲件的弯曲方法

弯曲所使用的模具叫弯曲模,它是弯曲过程必不可少的工艺装备。如图3-3所示是V形件弯曲模。弯曲开始前,先将平板毛坯放入定位板10中定位,然后凸模4下行,凸模与顶杆7将板材压住(可防止板材在弯曲过程中发生偏移),实施弯曲,直至板材与凸模4、凹模3完全贴紧,最后开模,V形件被顶杆顶出。

知识点2 弯曲变形过程分析

1. 弯曲变形过程

V形弯曲是最基本的弯曲变形,任何复杂弯曲都可看成是由多个V形弯曲组成,所以我们以V形弯曲为代表分析弯曲变形过程。

如图3-4所示为V形弯曲时板材受力情况。在板材 A 处,凸模1施加外力 $2F$,在凹模2支承点 B 处,产生的反力与这个外力构成了弯曲力矩 $M = F \times L$,该弯曲力矩使板材产生弯曲变形。

板料在V形模内的校正弯曲过程如图3-5所示。在凸模的压力下,板料受弯矩的作用,先经过弹性变形,然后进入塑性变形。在塑性弯曲的开始阶段,板料自由弯曲;随凸模的下压,板料与凹模V形表面逐渐靠紧,同时曲率半径和弯曲力臂

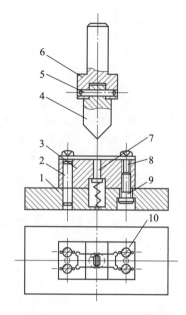

图 3-3 V 形件弯曲模

1—下模板；2、5—圆柱销；3—凹模；4—凸模；6—模柄；7—顶杆；8、9—螺钉；10—定位板

逐渐变小，由 r_0 变为 r_1，L_A 变为 l_1；凸模继续下压，板料弯曲变形区进一步减小，直到与凸模三点接触，这时曲率半径减小成 r_2；此后板料的直边部分向相反方向变形。到行程终了时，凸、凹模对弯曲件进行校正，使其直边、圆角与凸模全部靠紧。由此可见，弯曲成形的效果表现为板料弯曲变形区曲率半径和两直边夹角的变化。

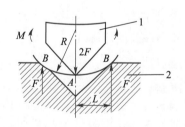

图 3-4 V 形弯曲时板材受力情况

1—凸模；2—凹模

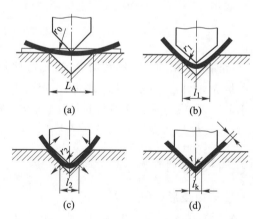

图 3-5 校正弯曲过程

2. 塑性弯曲变形区的应力、应变

观察变形后位于工件侧壁的坐标网格变化（如图 3-6 所示），可以看出：在弯曲中心角 α 的范围内，正方形网格变成了扇形；而板料的直边部分，除靠近圆角的直边处网格略有微小变化外，其余仍保持原来的正方形方格。可见塑性变形区主要在弯曲件的圆角部分；弯曲前 $\overline{aa}=\overline{bb}$，弯曲后 $\overset{\frown}{aa}<\overline{aa}$、$\overset{\frown}{bb}>\overline{bb}$，说明弯曲后内缘的金

属切向受压而缩短,外缘的金属切向受拉而伸长。由内、外表面至板料中心,其缩短和伸长的程度逐渐变小。其间必有一层金属,它的长度在变形前后保持不变,称为应变中性层。

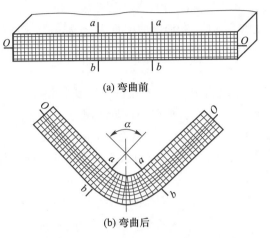

(a) 弯曲前

(b) 弯曲后

图 3-6　弯曲前后坐标网格的变化

从弯曲变形区的横截面变化来看,变形有两种情况:窄板($B/t<3$)弯曲时,内区宽度增加,外区宽度减小,原矩形截面变成了扇形(如图 3-7(a)所示);宽板($B/t>3$)弯曲时,横截面几乎不变,仍为矩形(如图 3-7(b)所示)。

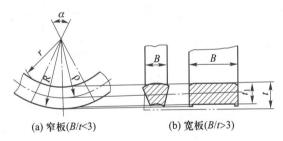

(a) 窄板($B/t<3$)　　　(b) 宽板($B/t>3$)

图 3-7　弯曲变形区的横截面变化情况

由此可见,板料在塑性弯曲时,随相对宽度 B/t 的不同,其应力、应变的性质也不同,分析如下:

(1) 应变状态　切向应变 ε_θ:弯曲内区压缩应变,弯曲外区拉伸应变。

径向应变 ε_t:弯曲时,主要是依靠中性层内外纤维的缩短与伸长,所以切向主应变 ε_θ 为绝对值最大的主应变 $\varepsilon_{\max}$。根据塑性变形体积不变的条件可知,弯曲时必然引起另外两个方向产生与 ε_θ 符号相反的应变。由此可以判断,在弯曲的内区,因切向主应变为压应变,所以径向应变 ε_t 为拉应变;在弯曲的外区,因切向主应变为拉应变,故径向应变 ε_t 为压应变。

宽度方向应变 ε_ϕ:根据相对宽度 B/t 的不同,分两种情况:对于 $B/t<3$ 的窄板,因金属在宽度方向可以自由变形,故在内区,宽度方向应变 ε_ϕ 与切向应变 ε_θ 符号相反,为拉应变,在外区 ε_ϕ 则为压应变;对于 $B/t>3$ 的宽板,由于宽度方向受到材料彼此之间的制约,不能自由变形,可以近似认为无论内区还是外区,其宽度方向

的应变 $\varepsilon_\phi = 0$。

由此可见,窄板弯曲时的应变状态是立体的,而宽板弯曲的应变状态是平面的。

(2) 应力状态　切向应变 σ_θ:内区受压,外区受拉。

径向应变 σ_t:塑性弯曲时,变形区曲度增大,金属各层之间的相互挤压,从而产生变形区内的径向压应力 σ_t,在板料表面 $\sigma_t = 0$,由表及里逐渐递增,至应力中性层处达到最大值。

宽度方向应变 σ_ϕ:对于窄板,由于宽度方向可以自由变形,因而无论是内区还是外区 $\sigma_\phi = 0$;对于宽板,因为宽度方向受到材料的制约,$\sigma_\phi \neq 0$。内区由于宽度方向的伸长受阻,所以 σ_ϕ 为压应力。外区由于宽度方向的收缩受阻,所以 σ_ϕ 为拉应力。

从应力状态来看,窄板弯曲时的应力状态是平面的,宽板弯曲时的应力状态则是立体的。

综上所述,将板料弯曲时的应力应变状态归纳,见表 3-1。

表 3-1　板料弯曲时的应力应变状态

相对宽度	变形区域	应力应变状态分析		
		应力状态	应变状态	特点
窄板 $\dfrac{B}{t} < 3$	内区(压区)	σ_t, σ_θ	ε_t, ε_θ, ε_ϕ	平面应力状态,立体应变状态
	外区(拉区)	σ_t, σ_θ	ε_t, ε_θ, ε_ϕ	
宽板 $\dfrac{B}{t} > 3$	内区(压区)	σ_t, σ_θ, σ_ϕ	ε_t, ε_θ	立体应力状态,平面应变状态
	外区(拉区)	σ_t, σ_θ, σ_ϕ	ε_t, ε_θ	

3. 变形程度及其表示方法

塑性弯曲必先经过弹性弯曲阶段,弹性弯曲时,受拉的外区与受压的内区以中性层为界,中性层恰好通过剖面的重心,其应力应变为零。假定弯曲内表面圆角半

径为 r，中性层的曲率半径为 $\rho(\rho = r + t/2)$，弯曲中心角为 α（如图 3-8 所示），则距中性层 y 处的切向应变 ε_θ 为：

$$\varepsilon_\theta = \ln \frac{(\rho + y)\alpha}{\rho\alpha} = \ln\left(1 + \frac{y}{\rho}\right) \approx \frac{y}{\rho}$$

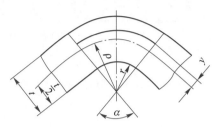

图 3-8 弯曲半径和弯曲中心角

切向应力 σ_θ 为：

$$\sigma_\theta = E\varepsilon_\theta = E\frac{y}{\rho}$$

式中，E——弯曲件材料的弹性模量。

从上式可见，材料切向的变形程度 ε_θ 和应力 σ_θ 的大小只取决于 y/ρ，与弯曲中心角 α 无关。在弯曲变形区的内、外表面，切向应力应变最大。$\sigma_{\theta max}$ 与 $\varepsilon_{\theta max}$ 的公式为：

$$\varepsilon_{\theta max} = \pm\frac{\dfrac{t}{2}}{r + \dfrac{t}{2}} = \frac{1}{1 + 2\dfrac{r}{t}}$$

$$\sigma_{max} = \pm E\varepsilon_{max} = \pm\frac{E}{1 + 2\dfrac{r}{t}}$$

若材料的屈服点为 σ_s，则弹性弯曲的条件为：

$$|\sigma_{\theta max}| = \frac{E}{1 + 2\dfrac{r}{t}} \leqslant \sigma_s$$

或

$$\frac{r}{t} \geqslant \frac{1}{2}\left(\frac{E}{\sigma_s} - 1\right)$$

r/t 称为相对弯曲半径，r/t 越小，板料表面的切向变形程度 $\varepsilon_{\theta max}$ 越大。因此，生产中常用 r/t 来表示板料弯曲变形程度的大小。

$\dfrac{r}{t} > \dfrac{1}{2}\left(\dfrac{E}{\sigma_s} - 1\right)$ 时，仅在板料内部引起弹性变形，称为弹性弯曲。变形区内的切

向应力分布如图 3-9(a) 所示；当 r/t 减小到 $\dfrac{1}{2}\left(\dfrac{E}{\sigma_s} - 1\right)$ 时，板料变形区的内、外表面

首先屈服，开始塑性变形，如果 r/t 继续减小，塑性变形部分由内、外表面向中心逐步扩展，弹性变形部分则逐步缩小，变形由弹性弯曲过渡为弹—塑性弯曲；一般当

$r/t \leq 4$时,弹性变形区已很小,可以近似认为弯曲变形区为纯塑性弯曲。切向应力的变化如图3-9(b)、(c)所示。

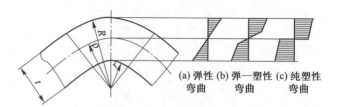

(a) 弹性 (b) 弹—塑性 (c) 纯塑性
　　弯曲　　　弯曲　　　弯曲

图 3-9　弯曲变形区内切向应力分布

任务拓展 》》》

1. 板料塑性弯曲的变形特点

（1）中性层的内移　由图3-9(a)可见,板料截面上的应力由外层的拉应力过渡到内层的压应力,其间必定有一层金属的切向应力为零,称为应力中性层。当变形程度较小时(r/t较大),应力中性层和应变中性层重合,均位于板料截面中心的轨迹上,其曲率半径相同,都可用 ρ 表示,即 $\rho = r + t/2$。当变形程度比较大(r/t较小)时,由于径向压应力 σ_t 的作用,应力中性层和应变中性层都从板厚的中央向内侧移动,但是应力中性层的位移量大于应变中性层的位移量。另外,由于弯曲时板厚变薄,也会使中性层的曲率半径小于 $\left(r + \dfrac{t}{2} \right)$。

（2）变形区板料的厚度变薄和长度增加　如表3-1所列,拉伸区使板料减薄,压缩区使板料加厚。但由于中性层向内移动,拉伸区扩大,压缩区减小,板料的减薄将大于加厚,整个板料将出现变薄现象(如图3-7所示)。r/t 越小,变薄现象越严重。

弯曲所用坯料一般属于宽板,由于宽度方向没有变形,因而变形区厚度的减薄必然导致长度的增加。r/t 越小,增长量越大。

（3）弯曲后的翘曲与剖面畸变　细而长的板料弯曲件,弯曲后纵向产生翘曲变形,如图3-10所示。这是因为沿折弯线方向工件刚度小,塑性弯曲时,外区宽度方向的压应变和内区的拉应变将失衡,结果使折弯线翘曲。当板料弯曲件短而粗时,沿工件纵向刚度大,宽向应变被抑制,翘曲则不明显。

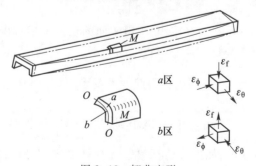

图 3-10　翘曲变形

剖面的畸变现象：窄板弯曲如前所述（如图 3-7（a）所示）；型材、管材弯曲后的剖面畸变如图 3-11 所示，这种现象是由径向压应力 σ_t 引起。另外，在薄壁管的弯曲中，还会出现内侧面因受压应力 σ_θ 的作用而失稳起皱的现象，因此弯曲时管中应加填料或芯棒。

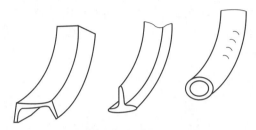

图 3-11　型材、管材弯曲后的剖面畸变

2. 最小弯曲半径

相对弯曲半径 r/t 越小，弯曲时的切向变形程度越大。当 r/t 小到一定值后，板料的外表面将超过材料的最大许可变形而产生裂纹。在板料不发生破坏的条件下，所能弯成零件内表面的最小圆角半径称最小弯曲半径 r_{min}，用它来表示弯曲时的成形极限。

（1）影响最小弯曲半径的因素

① 材料的力学性能　材料的塑性越好，塑性变形的稳定性越强（均匀伸长率 δ_b 越大），许可的最小弯曲半径就越小。

② 材料表面和侧面的质量　板料表面和侧面（剪切断面）的质量差时，容易造成应力集中并降低塑性变形的稳定性，使材料过早地破坏。对于冲裁或剪裁坯料，若未经退火，由于切断面存在冷变形硬化层，会使材料塑性降低。上述情况下应选用较大的最小弯曲半径。

③ 弯曲线的方向　轧制钢板具有纤维组织，顺纤维方向的塑性指标高于垂直纤维方向的塑性指标。当工件的弯曲线与板料的纤维方向垂直时，可具有较小的最小弯曲半径，如图 3-12（a）所示；反之，工件的弯曲线与材料的纤维平行时，其最小弯曲半径大，如图 3-12（b）所示。因此，在弯制 r/t 较小的工件时，其排样应使弯曲线尽可能垂直于板料的纤维方向，若工件有两个互相垂直的弯曲线，应在排样时使两个弯曲线与板料的纤维方向成 45° 的夹角，如图 3-12（c）所示。r/t 较大时，可以不考虑纤维方向。

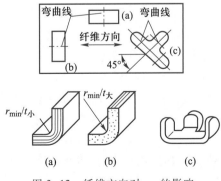

图 3-12　纤维方向对 r_{min} 的影响

④ 弯曲中心角 理论上弯曲变形区外表面的变形程度只与 r/t 有关,而与弯随中心角 α 无关。但实际上由于接近圆角的直边部分也产生一定的伸长变形(即扩大了弯曲变形区的范围),从而使变形区的变形得到一定的减轻,所以最小弯曲半径可以小些。弯曲中心角越小,变形分散效应越显著;当 $\alpha>70°$ 时,其影响明显减弱。

（2）最小弯曲半径 r_{min} 的数值 由于上述各种因素的影响十分复杂,所以最小弯曲半径的数值一般用试验方法确定。各种金属材料在不同状态下的最小弯曲半径的数值,可参见表 3-2。

表 3-2 最小弯曲半径 r_{min}

材料	退火状态		冷作硬化状态	
	弯曲线的位置			
	垂直纤维	平行纤维	垂直纤维	平行纤维
08、10、Q195、Q215	0.1t	0.4t	0.4t	0.8t
15、20、Q235	0.1t	0.5t	0.5t	1.0t
25、30、Q255	0.2t	0.6t	0.6t	1.2t
35、40、Q275	0.3t	0.8t	0.8t	1.5t
45、50	0.5t	1.0t	1.0t	1.7t
55、60	0.7t	1.3t	1.3t	2.0t
铝	0.1t	0.35t	0.5t	1.0t
纯铜	0.1t	0.35t	1.0t	2.0t
软黄铜	0.1t	0.35t	0.35t	0.8t
半硬黄铜	0.1t	0.35t	0.5t	1.2t
磷铜	—	—	1.0t	3.0t

注:1. 当弯曲线与纤维方向成一定角度时,可采用垂直和平行纤维方向二者的中间值。
2. 冲裁或剪切后没有退火的毛坯弯曲件,应作为硬化的金属选用。
3. 弯曲时应使有毛刺的一边处于弯角的内侧。
4. 表中 t 为板料厚度。

（3）提高弯曲极限变形程度的方法 在一般的情况下,不宜采用最小弯曲半径。当工件的弯曲半径小于表 3-2 所列数值时,为提高弯曲极限变形程度,常采取以下措施:

① 经冷变形硬化的材料,可采用热处理的方法恢复其塑性,再进行弯曲。

② 清除冲裁毛刺,当毛刺较小时也可以使有毛刺的一面处于弯曲受压的内缘(即有毛刺的一面朝向弯曲凸模),以免应力集中而开裂。

③ 低塑性的材料或厚料,可采用加热弯曲。

④ 采取两次弯曲的工艺方法,即第一次采用较大的弯曲半径,然后退火;第二次再按工件要求的弯曲半径进行弯曲。这样就使变形区域扩大,减小了外层材料的伸长率。

⑤ 对于较厚材料的弯曲,如结构允许,可以采取先在弯角内侧开槽后再进行弯曲的工艺,如图 3-13 所示。

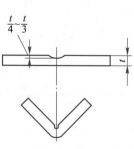

图 3-13 开槽后进行弯曲

任务 2 弯曲卸载后的回弹

■ 任务陈述 >>>

通过本任务的学习,了解弯曲回弹产生的原因、特点,如图 3-14 所示;学会分析回弹的影响因素并掌握减小和克服回弹的措施。

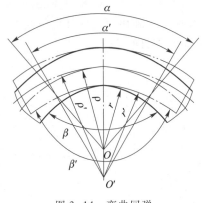

图 3-14 弯曲回弹

动画
弯曲回弹

■ 知识准备 >>>

知识点 1 回弹现象

与所有塑性变形一样,塑性弯曲时伴随有弹性变形,当外载荷去除后,塑性变形保留下来,而弹性变形会完全消失,使弯曲件的形状和尺寸发生变化而与模具尺寸不一致,这种现象称为回弹。由于弯曲时内、外区切向应力方向不一致,因而弹性回复方向也相反,即外区弹性缩短而内区弹性伸长,这种反向的弹性回复加剧了工件形状和尺寸的改变。所以与其他变形工序相比,弯曲过程的回弹现象是一个影响弯曲件精度的重要问题,弯曲工艺与弯曲模设计时应认真考虑。

弯曲回弹的表现形式有两个,如图 3-14 所示。

微课
弯曲回弹

1. 曲率减小

卸载前弯曲中性层的半径为 r,卸载后增加至 r',曲率则由卸载前的 $1/\rho$ 减小至卸载后的 $1/\rho'$。如以 ΔK 表示曲率的减小量,则:

$$\Delta K = \frac{1}{\rho} - \frac{1}{\rho'}$$

2. 弯曲中心角减小

卸载前弯曲变形区的弯曲中心角为 α,卸载后减小至 α',所以弯曲中心角的减小值为：

$$\Delta\alpha = \alpha - \alpha'$$

知识点2　影响回弹的因素及回弹值的确定

1. 回弹的影响因素

（1）材料的力学性能　由金属变形特点可知,卸载时弹性恢复的应变量与材料的屈服强度成正比,与弹性模量成反比。即 σ_s/E 越大,回弹越大。如图 3-15（a）所示的两种材料,屈服强度基本相同,但弹性模量不同（$E_1>E_2$）,在弯曲变形程度相同的条件下（r/t 相同）,退火软钢在卸载时的回弹变形小于软锰黄铜,即 $\varepsilon_1'<\varepsilon_2'$。又如图 3-15（b）所示的两种材料,其弹性模量基本相同,而屈服强度不同。在弯曲变形程度相同的条件下,经冷变形硬化而屈服强度较高的软钢,在卸载时的回弹变形大于屈服强度较低的退火软钢,即 $\varepsilon_4'>\varepsilon_3'$。

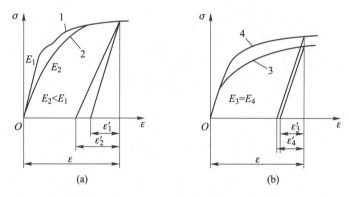

图 3-15　材料的力学性能对回弹值的影响

1、3—退火软钢；2—软锰黄铜；4—经冷变形硬化的软钢

（2）变形程度　r/t 越大,弯曲变形程度越小,中性层两侧的纯弹性变形区增加越多,如图 3-9（b）所示。另外,塑性变形区总变形中弹性变形所占的比例也同时增大（从图 3-16 中的几何关系可以证明 $\dfrac{\varepsilon_1'}{\varepsilon_1}>\dfrac{\varepsilon_2'}{\varepsilon_2}$）。故相对弯曲半径 r/t 越大,则回弹越大。这也是很大的工件不易弯曲成形的原因。

（3）弯曲中心角 α　α 越大,变形区的长度越大,回弹积累值越大,故回弹角 $\Delta\alpha$ 越大。

（4）弯曲方式及弯曲模　在无底凹模内作自由弯曲时（如图 3-17 所示）,回弹最大。在有底凹模内作校正弯曲时（如图 3-3 所示）,回弹较小。其原因之一,从坯料直边部分的回弹来看,由于凹模 V 形面对坯料的限制作用,当坯料与凸模三点接触后,随凸模的继续下压,坯料的直边部分向与以前相反的方向变形,弯曲结束时可以使产生了一定曲率的直边重新压平并与凸模完全贴合。卸载后弯曲件直边部分的回弹方向是朝向 V 形闭合的方向（负回弹）。而圆角部分的回弹方向是朝向 V 形张开的方向（正回弹）,两者回弹方向相反。原因之二,从圆角部分的回弹来看,由于板料受凸、凹模压缩的作用,不仅弯曲变形外区的拉应力有所减小,而且在外区中性层附近还出现和内区同向的压缩应力,随着校正力的增加,压应力区向板材的外表面逐步扩展,致使板料的全部或大部分断面均出现压缩应力,于是圆角部分的内、外区回弹方向一致,故校正弯曲圆角部分的回弹比自由弯曲时大为减小。综上所述,校正弯曲时圆角部分的较小正回弹与直边部分负回弹抵销,回弹可能出现正、零或是负三种情况。

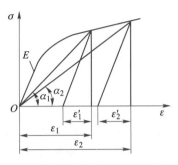

图 3-16　变形程度对弹性恢复值的影响

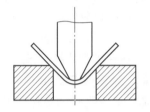

图 3-17　无底凹模内的自由弯曲

在弯曲 U 形件时,凸、凹模之间的间隙对回弹有较大的影响。间隙越大,回弹角也就越大,如图 3-18 所示。

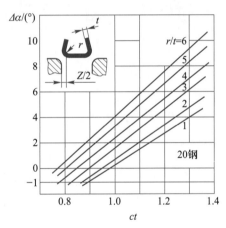

图 3-18　间隙对回弹的影响

（5）工件的形状　一般而言,弯曲件越复杂,一次弯曲成形角的数量越多,则弯曲时各部分互相牵制作用越大,弯曲中拉伸变形的成分越大,故回弹量就越小。例如一次弯曲成形时,∏ 形件的回弹量较 U 形件小,U 形件又较 V 形件小。

2. 回弹值的确定

为了得到形状与尺寸精确的工件,应当确定回弹值。由于影响回弹的因素很多,理论计算方法很复杂,而且也不准确。通常在设计及制造模具时,往往先根据经验数值和简单的计算来初步确定模具工作部分尺寸,然后在试模时进行修正。

（1）小变形程度（$r/t \geq 10$）自由弯曲时的回弹值　当相对弯曲半径 $r/t \geq 10$ 时,卸载后弯曲件的角度和圆角半径变化都较大,如图 3-19 所示。在此情况下,凸模工作部分的圆角半径和角度计算可表示为:

$$r_T = \frac{r}{1 + 3\dfrac{\sigma_s r}{Et}}$$

$$\alpha_T = \frac{r}{r_T}\alpha$$

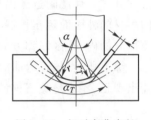

图 3-19 相对弯曲半径
较大时的回弹现象

式中，r_T——凸模工作部分的圆角半径/mm；

　　　r——弯曲件的圆角半径/mm；

　　　α_T——凸模圆角部分中心角；

　　　α——弯曲件圆角部分中心角；

　　　σ_s——弯曲件材料的屈服点；

　　　t——弯曲件材料厚度/mm。

（2）大变形程度（$r/t < 5$）自由弯曲时的回弹值　相对弯曲半径 $r/t < 5$ 时，卸载后弯曲件圆角半径的变化是很小的，可以不予考虑，而弯曲中心角发生了变化。自由弯曲 V 形件，单角自由弯曲 90° 时部分材料的平均回弹角可参考表 3-3。

表 3-3　单角自由弯曲 90° 时的平均回弹角 $\Delta\alpha_{90}$　　　　　　　　mm

材料	$\dfrac{r}{t}$	材料厚度 t		
		<0.8	0.8~2	>2
软钢 $\sigma_\delta = 350$ MPa 黄铜 $\sigma_\delta = 350$ MPa 铝和锌	<1	4°	2°	0°
	1~5	5°	3°	1°
	>5	6°	4°	2°
中硬钢 $\sigma_\delta = 400 \sim 500$ MPa 硬黄铜 $\sigma_\delta = 350 \sim 400$ MPa 硬青铜	<1	5°	2°	0°
	1~5	6°	3°	1°
	>5	8°	5°	3°
硬铜 $\sigma_\delta > 550$ MPa	<1	7°	4°	2°
	1~5	9°	5°	3°
	>5	12°	7°	6°
硬铝 LY12	<2	2°	3°	4°
	2~5	4°	6°	8°
	>5	6°	10°	14°

当弯曲件弯曲中心角不为 90° 时，其回弹角可用下式计算：

$$\Delta\alpha = \frac{\alpha}{90}\Delta\alpha_{90}$$

式中，$\Delta\alpha$——弯曲件的弯曲中心角为 α 时的回弹角；

　　　α——弯曲件的弯曲中心角；

　　　$\Delta\alpha_{90}$——弯曲中心角为 90° 时的回弹角（见表 3-3）。

（3）校正弯曲时的回弹值　校正弯曲的回弹角可用试验所得的公式计算，见表 3-4，公式中符号如图 3-20 所示。

表 3-4　V 形件校正弯曲时的回弹角 $\Delta\beta$

材料	弯曲角 β			
	30°	60°	90°	120°
08、10、Q195	$\Delta\beta = 0.75\dfrac{r}{t} - 0.39$	$\Delta\beta = 0.58\dfrac{r}{t} - 0.80$	$\Delta\beta = 0.43\dfrac{r}{t} - 0.61$	$\Delta\beta = 0.36\dfrac{r}{t} - 1.26$
15、20、Q215、Q235	$\Delta\beta = 0.69\dfrac{r}{t} - 0.23$	$\Delta\beta = 0.64\dfrac{r}{t} - 0.65$	$\Delta\beta = 0.434\dfrac{r}{t} - 0.36$	$\Delta\beta = 0.37\dfrac{r}{t} - 0.58$
25、30、Q255	$\Delta\beta = 1.59\dfrac{r}{t} - 1.03$	$\Delta\beta = 0.95\dfrac{r}{t} - 0.94$	$\Delta\beta = 0.78\dfrac{r}{t} - 0.79$	$\Delta\beta = 0.46\dfrac{r}{t} - 1.36$
35、Q275	$\Delta\beta = 1.51\dfrac{r}{t} - 1.48$	$\Delta\beta = 0.84\dfrac{r}{t} - 0.76$	$\Delta\beta = 0.79\dfrac{r}{t} - 1.62$	$\Delta\beta = 0.51\dfrac{r}{t} - 1.71$

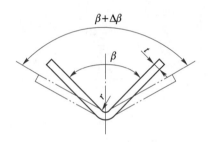

图 3-20　V 形件校正弯曲的回弹

任务拓展

减小回弹的措施

在实际生产中，由于材料的力学性能和厚度的波动等因素，要完全消除弯曲件的回弹是不可能的，但可以采取一些措施来减小或补偿回弹所产生的误差，以提高弯曲件的精度。

（1）改进弯曲件的设计

① 尽量避免选用过大的相对弯曲半径 r/t。如有可能，在弯曲区压制加强筋，以提高零件的刚度，抑制回弹，如图 3-21 所示。

② 尽量选用 σ_s/E 小、力学性能稳定且板材厚度波动小的材料。

（2）采取适当的弯曲工艺

① 采用校正弯曲代替自由弯曲。

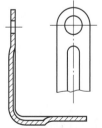

图 3-21　在弯曲区
压制加强筋

② 对冷作硬化的材料须先退火,使其屈服点 σ_s 降低。对回弹较大的材料,必要时可采用加热弯曲。

③ 处理相对弯曲半径很大的弯曲件时,由于变形程度很小,变形区横截面大部分或全部处于弹性变形状态,回弹很大,甚至根本无法成形,这时可采用拉弯工艺。拉弯用模具如图 3-22 所示。拉弯特点是在弯曲之前先使坯料承受一定的拉伸应力,其数值使坯料截面内的应力稍大于材料的屈服强度,随后在拉力作用的同时进行弯曲。如图 3-23 所示拉弯时断面内切向应变的分析。图 3-23(a)为拉伸时的应变;图 3-23(b)为普通弯曲时的应变;图 3-23(c)为拉弯总合成应变;图 3-23(d)为卸载时的应变;图 3-23(e)为永久变形。从图 3-23(d)可看出,拉弯卸载时坯料内、外区弹复方向一致,故大大减小工件的回弹,所以拉弯主要用于长度和曲率半径都比较大的零件。

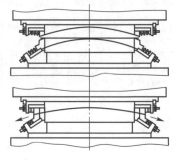

图 3-22 拉弯用模具

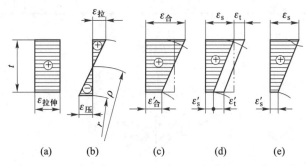

图 3-23 拉弯时断面内切向应变的分析

(3) 合理设计弯曲模

① 对于较硬材料(如 45、50、Q275 和 H62(硬)等),可根据回弹值对模具工作部分的形状和尺寸进行修正。

② 对于软材料(如 Q215、Q235、10、20 和 H62(软)等),其回弹角小于 5°时,可在模具上作出补偿角并取较小的凸、凹模间隙,如图 3-24 所示。

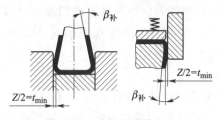

图 3-24 克服回弹措施 I

③ 对于厚度在 0.8 mm 以上的软材料,相对弯曲半径不大时,可把凸模做成如图 3-25(a)、图 3-25(b)所示的结构,使凸模的作用力集中在变形区,以改变应力状态达到减小回弹的目的,但易产生压痕。也可采用凸模角减小 2°~5°的方法来

减小接触面积,减小回弹使压痕减轻(如图 3-25(c)所示)。还可将凹模角度减小 2°,以此减小回弹,又能减小弯曲件纵向翘曲度(如图 3-25(d)所示)。

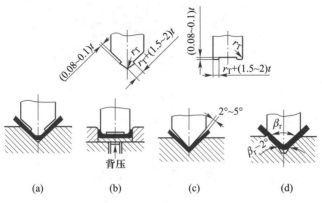

图 3-25 克服回弹措施 Ⅱ

④ 对于 U 形件弯曲,减小回弹常用的方法还有:当相对弯曲半径较小时,可采取增加背压的方法(如图 3-25(b)所示);当相对弯曲半径较大时,可将凸模端面和顶板表面作成一定曲率的弧形(如图 3-26(a)所示)。这两种方法的实质都是使底部产生的负回弹和角部产生的正回弹互相补偿。另一种克服回弹的有效方法是采用摆动式凹模,而凸模侧壁应有补偿回弹角(如图 3-26(b)所示),当材料厚度负偏差较大时,可设计成凸、凹模间隙可调的弯曲模(如图 3-26(c)所示)。

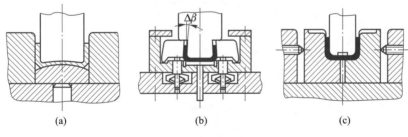

图 3-26 克服回弹措施 Ⅲ

⑤ 在弯曲件直边端部纵向加压,使弯曲变形的内、外区都产生压应力而减少回弹,可得到精确的弯边高度,如图 3-27 所示。

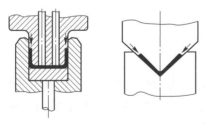

图 3-27 弯曲件端部加压弯曲

⑥ 用橡胶或聚氨酯代替刚性金属凹模能减小回弹。通过调节凸模压入橡胶或聚氨酯凹模的深度,控制弯曲力的大小,以获得满足精度要求的弯曲件,如

图 3-28所示。

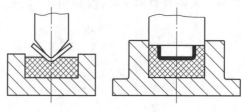

图 3-28　软凹模弯曲

任务 3　弯曲工艺设计

任务陈述 >>>

　　通过本任务的学习,熟悉弯曲件的结构工艺性、精度等分析方法,掌握弯曲工艺方案的确定方法。如图 3-29 所示的是双孔 U 形支架,材料为 20 号钢,厚度为 2 mm,该零件年产量为 10 万件,为其制订弯曲工艺方案。

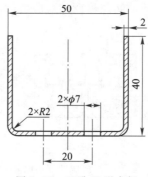

图 3-29　双孔 U 形支架

知识准备 >>>

知识点 1　弯曲件的工艺性

　　弯曲件的工艺性是指弯曲零件的形状、尺寸、精度、材料以及技术要求等是否符合弯曲加工的工艺要求。具有良好工艺性的弯曲件,能简化弯曲的工艺过程及模具结构,提高工件质量。

　　1. 弯曲件的精度

　　弯曲件的精度受坯料定位、偏移、翘曲和回弹等因素的影响,弯曲的工序数目越多,精度也越低。一般弯曲件的经济公差等级在 IT13 级以下,角度公差大于

$15'$。弯曲件未注公差的长度尺寸的极限偏差见表 3-5,弯曲件角度的自由公差见表 3-6。

表 3-5 弯曲件未注公差的长度尺寸的极限偏差　　　　　　　　　　mm

长度尺寸 l		3~6	>6~18	>18~50	>50~120	>120~260	>260~500
材料厚度 t	≤2	±0.3	±0.4	±0.6	±0.8	±1.0	±1.5
	>2~4	±0.4	±0.6	±0.8	±1.2	±1.5	±2.0
	>4	—	±0.8	±1.0	±1.5	±2.0	±2.5

表 3-6 弯曲件角度的自由公差　　　　　　　　　　mm

	l	≤6	>6~10	>10~18	>18~30	>30~50
	$\Delta\beta$	±3°	±2°30′	±2°	±1°30′	±1°15′
	l	>50~80	>80~120	>120~180	>180~260	>260~360
	$\Delta\beta$	±1°	±50′	±40′	±30′	±25′

2. 弯曲件的材料

如果弯曲件的材料具有足够的塑性,屈强比 (σ_s/σ_b) 小,屈服点与弹性模量的比值 (σ_s/E) 小,则有利于弯曲成形和工件质量的提高,如软钢、黄铜和铝等材料的弯曲成形性能好。而脆性较大的材料,如磷青铜、铍青铜、弹簧等,则最小相对弯曲半径大,回弹大,不利于成形。

3. 弯曲件的结构

(1) 弯曲半径　弯曲件的弯曲半径不宜小于最小弯曲半径,否则要多次弯曲,增加工序数;返之,过大时,受到回弹的影响,弯曲角度与弯曲半径的精度都不易保证。

(2) 弯曲件的形状　一般要求弯曲件形状对称,弯曲半径左右一致,则弯曲时坯料受力平衡而无滑动(如图 3-30(a)所示)。如果弯曲件不对称,由于摩擦阻力不均匀,坯料在弯曲过程中会产生滑动,造成偏移(如图 3-30(b)所示)。

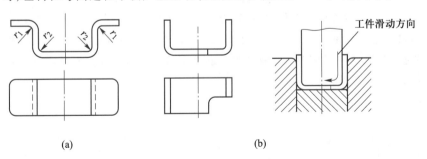

(a)　　　　　　　　　　　　　　(b)

图 3-30 形状对称和不对称的弯曲件

(3) 弯曲件直边高度　弯曲件的直边高度不宜过小,其值应为 $h>r+2t$(如图 3-31(a)所示)。当 h 较小时,直边在模具上支持的长度过小,不容易形成足够的弯矩,很难得到形状准确的零件。若 $h<r+2t$ 时,则须预先压槽,再弯曲;或增加

弯边高度,弯曲后再切掉(如图3-31(b)所示)。如果所弯直边带有斜角,则在斜边高度小于 $r+2t$ 的区域不可能弯曲到要求的角度,而且此处也容易开裂(如图3-31(c)所示)。因此必须改变零件的形状,加高直边尺寸(如图3-31(d)所示)。

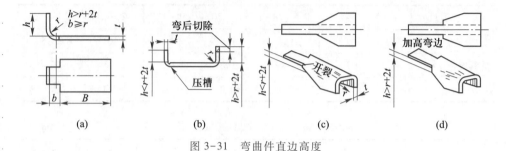

图 3-31　弯曲件直边高度

(4) **防止弯曲根部裂纹的工件结构**　在局部弯曲某一段边缘时,为避免弯曲根部撕裂,应减小不弯曲部分的长度 B ,使其退出弯曲线之外,即 $b\geq r$ (如图3-31(a)所示)。如果零件的长度不能减小,应在弯曲部分与不弯曲部分之间切槽(如图3-32(a)所示)或在弯曲前冲出工艺孔(如图3-32(b)所示)。

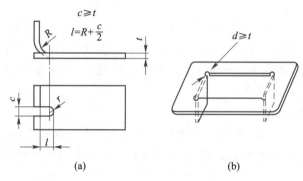

图 3-32　防止弯曲根部裂纹的工件结构

(5) **弯曲件孔边距离**　弯曲有孔的工序件时,如果孔位于弯曲变形区内,则弯曲时孔要发生变形,为此必须使孔处于变形区之外(如图3-33(a)所示)。一般孔至弯曲半径 r 中心的距离按料厚确定,当 $t<2$ mm 时, $l\geq t$;当 $t\geq 2$ mm 时, $l\geq 2t$ 。

如果孔边至弯曲半径 r 中心的距离过小,为防止弯曲时孔变形,可在弯曲线上冲工艺孔(如图3-33(b)所示)或切槽(如图3-33(c)所示)。如对零件孔的精度要求较高,则应弯曲后再冲孔。

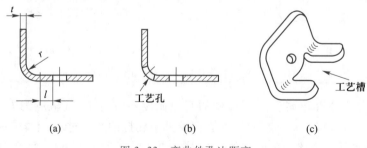

图 3-33　弯曲件孔边距离

（6）增添连接带和定位工艺孔　弯曲变形区附近有缺口的弯曲件,若在坯料上先将缺口冲出,弯曲时会出现叉口,严重时无法成形,这时应在缺口处留连接带,待弯曲成形后再将连接带切除,如图 3-34 所示。

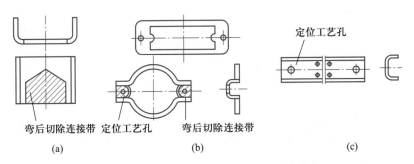

图 3-34　增添连接带和定位工艺孔的弯曲件

为保证坯料在弯曲模内准确定位,或防止在弯曲过程中坯料的偏移,最好能在坯料上预先增添定位工艺孔,如图 3-34（b）、图 3-34（c）所示）。

（7）尺寸标注　尺寸标注对弯曲件的工艺性有很大的影响。如图 3-35 所示是弯曲件孔位置尺寸的三种标注法。第一种标注法,孔的位置精度不受坯料展开长度和回弹的影响,将大大简化工艺设计。因此,在不要求弯曲件有一定装配关系时,应尽量考虑冲压工艺的方便来标注尺寸。

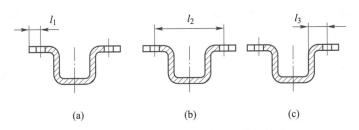

图 3-35　弯曲件孔位置尺寸的三种标注法

知识点 2　弯曲件的工序安排

弯曲件的工序安排应根据工件形状、精度等级、生产批量以及材料的力学性质等因素进行考虑。弯曲工序安排合理,则可以简化模具结构、提高工件质量和劳动生产率。

1. 弯曲件工序安排的原则

① 对于形状简单的弯曲件,如 V 形、U 形、Z 形工件等,可以采用一次弯曲成形。对于形状复杂的弯曲件,一般需要采用二次或多次弯曲成形。

② 对于批量大而尺寸较小的弯曲件,为使操作方便、定位准确并提高生产率,应尽可能采用级进模或复合模加工。

③ 需多次弯曲时,弯曲次序一般是先弯两端,后弯中间部分,前次弯曲应考虑后次弯曲有可靠的定位,后次弯曲不能影响前次已成形的形状。

④ 当弯曲件几何形状不对称时,为避免压弯时坯料偏移,应尽量采用成对弯曲,然后再切成两件的工艺方法,如图 3-36 所示。

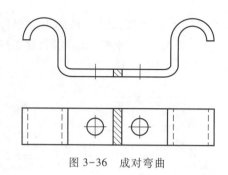

图 3-36 成对弯曲

2. 典型弯曲件的工序安排

（1）一次弯曲成形 如图 3-37 所示为一次弯曲成形的工件，可供制订弯曲件工艺及模具设计时参考。

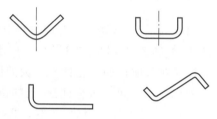

图 3-37 一次弯曲成形的工件

（2）二次弯曲成形 如图 3-38 所示为二次弯曲成形的工件，可供制订弯曲件工艺顺序时参考。

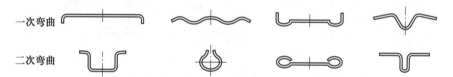

图 3-38 二次弯曲成形的工件

任务实施 >>>

为如图 3-29 所示的双孔 U 形支架零件，制订弯曲工艺方案。

已知：该零件年产量 10 万件，材料为 20 号钢，厚度 $t = 2mm$，冲压设备选用 250 kN 开式压力机。

1. 分析零件的弯曲工艺性

（1）材料 20 号钢是优质碳素结构钢，具有良好的冲压、弯曲性能。

（2）工件结构 该支架零件形状简单。孔边距远大于凸、凹模允许的最小壁厚（见表 2-24）及弯曲变形区的范围，故先冲孔、后冲孔均可。

（3）尺寸精度 零件形状尺寸均为未注公差，属自由尺寸，可按 IT14 级确定工件的公差，一般冲压就能满足其尺寸精度要求。

（4）结论 满足冲裁、弯曲条件。

2. 确定冲压弯曲工艺方案

该零件包括剪板机下料或模具落料、冲孔、弯曲三个基本工序,可有以下三种工艺方案:

方案一:剪板机下料→折弯机弯曲→冲孔,采用单工序模生产。

方案二:剪板机下料→冲孔→模具弯曲,采用单工序模生产。

方案三:模具落料→冲孔→弯曲,采用复合模生产。

方案四:冲孔→落料→弯曲连续冲压,采用级进模生产。

方案一仅需一副冲孔模,且模具结构简单,但需三道工序转移,且剪板机和折弯机生产效率较低,不符合现代化生产的要求;方案二需要两副模具,同样也需三道工序转移,生产效率较低;方案三冲压件的形位精度和尺寸精度容易保证,且生产效率也高,尽管模具结构较方案一复杂,但由于零件的几何形状简单对称,模具制造并不困难;方案三也只需要一副模具,生产效率也较高,比较理想。方案四是连续冲裁的级进模,但该零件尺寸虽然不是很大,但要做成级进模,模具整体尺寸也偏大,故模具结构、制造、安装较复合模复杂。

结论:通过对上述四种方案的分析比较,该件的冲压生产采用方案三为佳。

任务拓展 ▶▶▶

多次弯曲成形

如图 3-39、图 3-40 所示分别为三次弯曲、四次弯曲成形工件示例,可供制订弯曲件工艺及模具设计时参考。

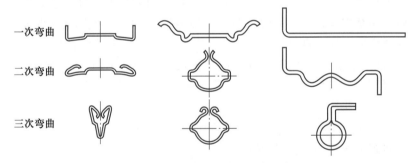

图 3-39 三次弯曲成形工件示例

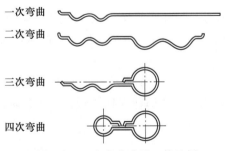

图 3-40 四次弯曲成形工件示例

任务 4　弯曲模典型结构

微课

弯曲模的典型结构

任务陈述 >>>

　　通过本任务的学习,了解各种弯曲模具的结构及工作过程,熟悉单工序弯曲模具、复合工序弯曲模具、级进工序弯曲模具结构,建立弯曲工艺方案与模具之间的联系。清楚如图 3-41 所示的几个弯曲件,是用什么样的模具制作出来的,在这个任务中将一起来认识这些典型的弯曲模具结构。

图 3-41　弯曲件

知识准备 >>>

知识点 1　单工序弯曲模的典型结构

　　弯曲模也是冲压生产中不可缺少的工艺装备,确定好弯曲件工艺方案后,即可进行弯曲模的结构设计。常见的弯曲模结构类型有:单工序弯曲模、级进弯曲模、复合模和通用弯曲模。良好的模具结构是实现工艺方案的可靠保证。

　　由于弯曲件形状、尺寸、精度和生产批量及生产条件不同,弯曲模的结构类型也不同,本任务主要讨论冲压生产中常见的典型弯曲模类型和结构特点。

　　1. V 形件弯曲模

　　如图 3-42(a)所示为简单的 V 形件弯曲模,其特点是结构简单、通用性好。但弯曲时坯料容易偏移,影响工件精度。

　　如图 3-42(b)~图 3-42(d)所示分别为带有定位尖、顶杆、V 形顶板的模具结构,可以防止坯料滑动,提高工件精度。

　　如图 3-42(e)所示的 V 形件弯曲模,由于有顶板及定料销,可以有效防止弯曲时坯料的偏移,得到偏差为 0.1 mm 以内的工件。反侧压块的作用是平衡左边弯曲时产生的水平侧向力。

　　如图 3-43 所示为 V 形件精弯模,两块活动凹模 4 通过转轴 5 铰接,定位板(或定位销)3 固定在活动凹模上。弯曲前顶杆 7 将转轴顶到最高位置,使两块活动凹模成一平面。

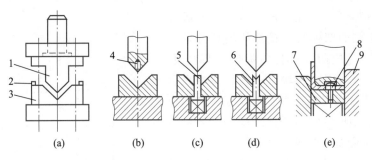

图 3-42 V形件弯曲模的一般结构形式

1—凸模;2—定位板;3—凹模;4—定位尖;5—顶杆;6—V形顶板;7—顶板;8—定料销;9—反侧压块

在弯曲过程中坯料始终与活动凹模和定位板接触,以防止弯曲过程中坯料的偏移。这种结构特别适用于有精确孔位的小零件、坯料不易放平稳的,带窄条的零件以及没有足够压料面的零件。

2. U形件弯曲模

根据弯曲件的要求,常用的U形件弯曲模有如图 3-44 所示的几种结构形式。图 3-44(a)为开底凹模,用于底部不严格要求平整的制件;图 3-44(b)用于底部要求平整的弯曲件;图 3-44(c)用于料厚公差较大而外侧尺寸要求较高的弯曲件,其凸模为活动结构,可随料厚自动调整凸模横向尺寸。图 3-44(d)用于料厚公差较大而内侧尺寸要求较高的弯曲件,凹模两侧为活动结构,可随料厚自动调整。

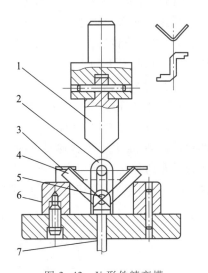

图 3-43 V形件精弯模

1—凸模;2—支架;3—定位板(或定位销);4—活动凹模;5—转轴;6—支承板;7—顶杆

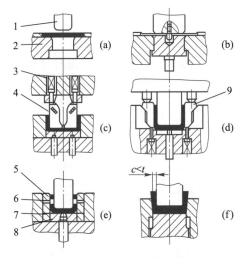

图 3-44 U形件弯曲模

1—凸模;2—凹模;3—弹簧;4—凸模活动镶块 5、9—凹模活动镶块;6—定位销;7—转轴;8—顶板

凹模横向尺寸。图 3-44(e)为 U 形件精弯模,两侧的凹模活动镶块用转轴分别与顶板铰接。弯曲前顶杆将顶板顶出凹模面,同时顶板与凹模活动镶块成一平面,镶块上有定位销供工序件定位。弯曲时工序件与凹模一起运动,保证了两侧孔的同轴。图 3-44(f)为弯曲件两侧壁厚变薄的弯曲模。

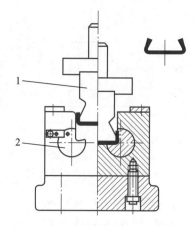

如图 3-45 是弯曲角小于 90°的 U 形件弯曲模。压弯时凸模首先将坯料弯曲成 U 形,当凸模继续下压时,两侧的转动凹模使坯料最后压弯成弯曲角小于 90°的 U 形件。凸模上升,弹簧使转动凹模复位,工件则由垂直图面方向从凸模上卸下。

图 3-45 弯曲角小于 90°的 U 形弯曲模
1—凸模;2—转动凹模

3.Π形件弯曲模

Π形弯曲件可以一次弯曲成形,也可以二次弯曲成形。如图 3-46 所示,为Π形件一次成形弯曲模,从图 3-46(a)可以看出,在弯曲过程中由于凸模肩部妨碍了坯料的转动,加大了坯料通过凹模圆角的摩擦力,使弯曲件侧壁容易擦伤和变薄,成形后弯曲件两肩部与底面不易平行(如图 3-46(c)所示)。特别是材料厚、弯曲件直壁高、圆角半径小时,这一现象更为严重。

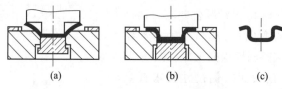

(a)　　　　　　　(b)　　　　　　　(c)

图 3-46 Π形件一次成形弯曲模

如图 3-47 所示为Π形件两次成形弯曲模,由于采用两副模具弯曲,从而避免了上述现象,提高了弯曲件质量。但从图 3-47(b)可以看出,只有弯曲件高度 $H>$ $(12\sim15)t$ 时,才能使凹模保持足够的强度。

如图 3-48 所示为在一副模具中完成两次弯曲的Π形件复合弯曲模。凸凹模下行,先使坯料凹模压弯成 U 形,凸凹模继续下行与活动凸模作用,最后压弯成Π形。这种结构需要凹模下腔空间较大,以方便工件侧边的转动。

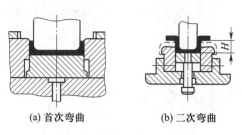

(a)首次弯曲　　　　　　　(b)二次弯曲

图 3-47 Π形件两次成形弯曲模

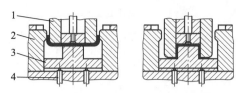

图 3-48 ∏形件复合弯曲模

1—凸凹模；2—凹模；3—活动凸模；4—顶杆

如图 3-49 所示为带摆块的∏形件弯曲模，是复合弯曲的另一种结构形式。凹模下行，利用活动凸模的弹性力先将坯料弯成 U 形，凹模继续下行，当推板与凹模底面接触时，便强迫凸模向下运动，在摆块作用下最后弯成∏形。缺点是模具结构复杂。

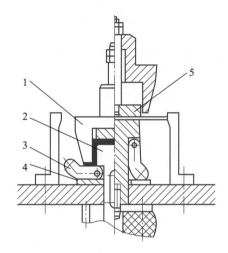

图 3-49 带摆块的∏形件弯曲模

1—凹模；2—活动凸模；3—摆块；4—垫板；5—推板

4. Z 形件弯曲模

Z 形件一次弯曲即可成形，如图 3-50(a)所示模具结构简单，但由于没有压料装置，压弯时坯料容易滑动，只适用于要求不高的零件。

如图 3-50(b)所示为有顶板和定位销的 Z 形件弯曲模，能有效防止坯料的偏移。反侧压块的作用是克服上、下模之间水平方向的错移力，同时也为顶板导向，防止其窜动。

如图 3-50(c)所示的 Z 形件弯曲模，在冲压前活动凸模 10 在橡皮 8 的作用下与凸模 4 端面齐平。冲压时活动凸模与顶板 1 将坯料压紧，由于橡皮 8 产生的弹压力大于顶板 1 下方缓冲器产生的弹顶力，推动顶板下移使坯料左端弯曲。当顶板接触下模座 11 后，橡皮 8 压缩，则凸模 4 相对于活动凸模 10 下移，将坯料右端弯曲成形。当压块 7 与上模座 6 相碰时，整个工件得到校正。

5. 圆形件弯曲模

圆形件的尺寸大小不同，其弯曲方法也不同，一般按直径分为小圆和大圆两种。

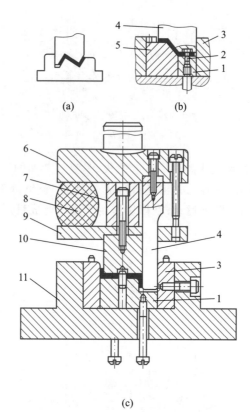

(c)

图 3-50 Z 形件弯曲模

1—顶板；2—定位销；3—反侧压块；4—凸模；5—凹模；

6—上模座；7—压块；8—橡皮；9—凸模托板；10—活动凸模；11—下模座

（1）直径 $d \leqslant 5$ mm 的小圆形件　弯小圆的方法是先弯成 U 形，再将 U 形弯成圆形。

用两套简单模弯圆的方法如图 3-51(a)所示。由于工件小，分两次弯曲操作不便，故可将两道工序合并。如图 3-51(b)所示为有侧楔的一次弯圆模，上模下行，芯棒 3 先将坯料弯成 U 形，上模继续下行，侧楔推动活动凹模将 U 形弯成圆形。如图 3-51(c)所示的也是一次弯圆模，上模下行时，压板将滑块往下压，滑块带动芯棒将坯料弯成 U 形。上模继续下行，凸模再将 U 形弯成圆形。如果工件精度要求高，可以旋转工件连冲几次，以获得较好的圆度。工件由垂直图面方向从芯棒上取下。

（2）直径 $d \geqslant 20$ mm 的大圆形件　如图 3-52 所示，是用三道工序弯曲大圆的方法，这种方法生产率低，适合于材料厚度较大的工件。

如图 3-53 所示是用大圆形两次弯曲模，先预弯成三个 120° 的波浪形，然后再用第二套模具弯成圆形，工件顺凸模轴线方向取下。

如图 3-54(a)所示，是带摆动凹模的一次弯曲成形模，凸模下行，先将坯料压成 U 形，凸模继续下行，摆动凹模将 U 形弯成圆形，工件顺凸模轴线方向推开支撑取下。

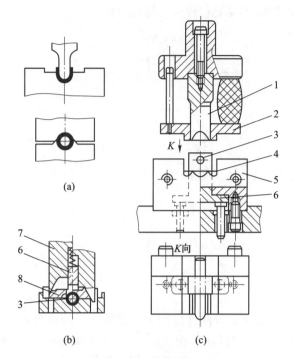

图 3-51　小圆形弯曲模

1—凸模;2—压板;3—芯棒;4—坯料;5—凹模;6—滑块;7—楔模;8—活动凹模

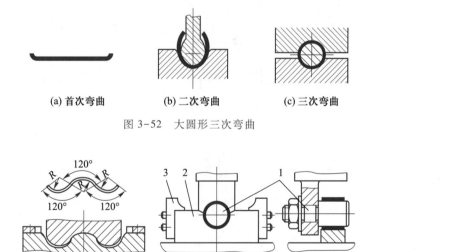

(a) 首次弯曲　　　(b) 二次弯曲　　　(c) 三次弯曲

图 3-52　大圆形三次弯曲

(a) 首次弯曲　　　　　　(b) 二次弯曲

图 3-53　大圆形两次弯曲模

1—凸模;2—凹模;3—定位板

这种模具生产率较高,但由于回弹,在工件接缝处留有缝隙和少量直边,工件精度差、模具结构也较复杂。如图 3-54(b)所示是坯料绕芯棒卷制圆形件的方法。反侧压块的作用是为凸模导向,并平衡上、下模之间水平方向的错移力。模具结构简单,工件的圆度较好,但需要行程较大的压力机。

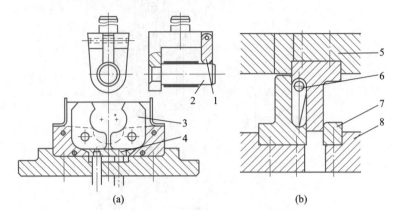

图 3-54 带摆动凹模的一次弯曲成形模

1—支撑;2—凸模;3—摆动凹模;4—顶板;5—上模座;6—芯棒;7—反侧压块;8—下模座

6. 铰链件弯曲模

如图 3-55 所示为常见铰链件弯曲工序的安排。铰链件预弯模如图 3-56 所示,卷圆的原理通常采用推圆法。图 3-56(b)是立式卷圆模,结构简单;图 3-56(c)是卧式卷圆模,有压料装置,工件质量较好,操作方便。

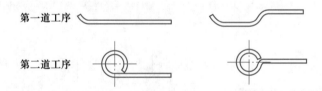

图 3-55 常见铰链件弯曲工序的安排

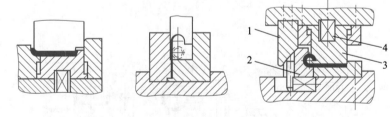

图 3-56 铰链件预弯模

1—斜块;2—摆动凸模;3—凹模;4—弹簧

7. 特殊形状零件的弯曲模

对于特殊形状的弯曲件,由于品种繁多,其工序安排和模具设计只能根据弯曲件的形状、尺寸、精度要求、材料的性能以及生产批量等来考虑,不可能有一个统一不变的弯曲方法。如图 3-57~图 3-59 所示是几种工件弯曲模的例子。

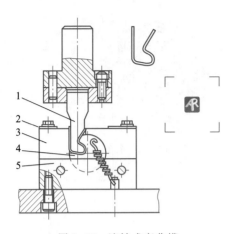

图 3-57 滚轴式弯曲模

1—凸模;2—定位板;3—凹模;4—滚轴;5—挡板;

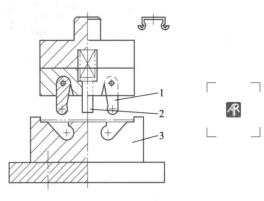

图 3-58 带摆动凸模的弯曲模

1—摆动凸模;2—压料装置;3—凹模

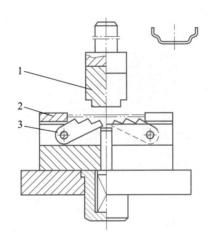

图 3-59 带摆动凹模的弯曲模

1—凸模;2—定位板;3—摆动凹模

知识点 2 复合、级进弯曲模的典型结构

1. 复合弯曲模

加工尺寸不大的弯曲件,还可以采用复合模,即在压力机一次行程内,在模具同一位置上完成落料、弯曲、冲孔等几种不同工序。如图 3-60(a)、图 3-60(b)所示,是切断、弯曲复合模结构简图。如图 3-60(c)所示是落料、弯曲、冲孔复合模,模具结构紧凑,工件精度高,但凸凹模修磨困难。

2. 级进弯曲模

对于批量大、尺寸较小的弯曲件,为了提高生产率,确保操作安全,保证产品质量等,可以采用级进弯曲模进行多工位的冲裁、压弯、切断连续工艺成形,如图 3-61所示。

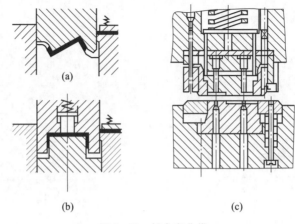

图 3-60 复合弯曲模

工件图

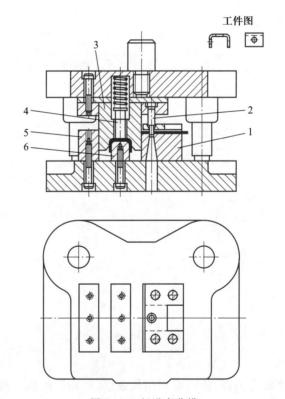

图 3-61 级进弯曲模

1—冲孔凹模;2—冲孔凸模;3—凸凹模;4—顶件销;5—挡块;6—弯曲凸模

任务实施 >>>

如图 3-62 所示为支架毛坯,材料为 08 号钢,厚度 $t=1.5$ mm,试为其确定弯曲模具结构方案。

该支架属于弯曲角小于 90°的 U 形件,这类零件弯曲时,一种方案是在模具两弯曲角处设置活动凹模镶块,当弯曲模下降时,先将零件弯成 90°的 U 形,继续下降到与镶块接触时,推动活动凹模镶块摆动,并使材料包紧凸模,实现小于 90°的弯曲(类似于图 3-57 所示);另一种方法是采用斜楔弯曲模,如图 3-63 所示。

图 3-62　支架毛坯

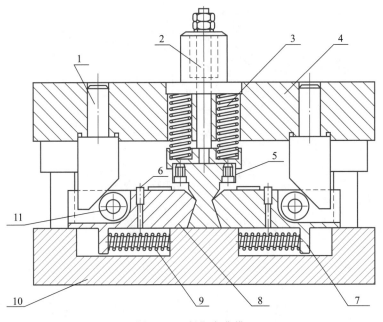

图 3-63　斜楔弯曲模

1—斜楔;2—凸模支杆;3、9—弹簧;4—上模座;5—凸模;6—定位销;

7、8—活动凹模;10—下模座;11—滚柱

如果是小批量生产,也可以用聚氨酯橡胶、锌基合金或低熔点合金制造弯曲模工作零件。如图 3-64 所示为聚氨酯橡胶闭角弯曲模。冲压件材料为锡青铜,板厚为 0.4 mm。该零件如果采用常规钢模弯曲,则弯曲模较复杂,采用聚氨酯凹模成形,能够显著简化模具结构。

设计聚氨酯橡胶弯曲模时,应根据弯曲件的形状和尺寸选取不同的容框结构与成形方法,如图 3-65 所示;小型 V 形件的弯曲可选如图 3-65(a)、图 3-65(b)所示结构;大弯曲率 V 形件的弯曲可选如图 3-65(c)所示结构,敞开成形;U 形件的弯曲可选如图 3-65(b)或图 3-65(d)所示结构,封闭成形;冂形件的弯曲可选 d 或 e 结构,封闭成形;弯曲角小于 90°的∠﹏形件弯曲可选如图 3-65(d)或图 3-65(f)所示结构,封闭成形;环形件的弯曲可选如图 3-65(g)所示结构,封闭成形;两翼成曲形的弯曲件可选图 3-65(h)所示结构,封闭成形。

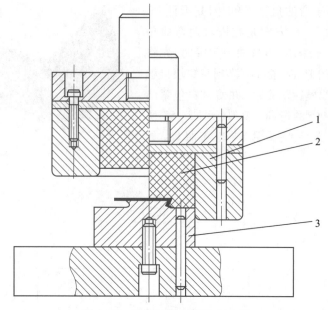

图 3-64 聚氨酯橡胶闭角弯曲模

1—橡胶容框；2—聚氨酯橡胶；3—钢凸模

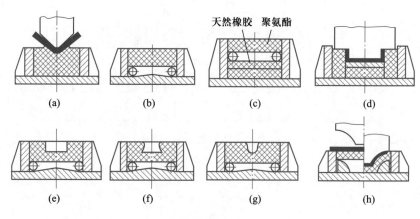

图 3-65 弯曲模容框结构与成形方法

结合以上三种成形方法及其模具的特点，结论如下：

① 如果是大批量生产，建议采用如图 3-63 所示的斜楔弯曲模；

② 如果是小批量生产，建议采用如图 3-64 所示的聚氨酯橡胶闭角弯曲模，其结构简单、容易制造。

任务拓展 >>>

通用弯曲模

对于小批量生产或试制生产的零件，因为生产量少、品种多且形状尺寸经常改变,所以在大多数情况下不能使用专用弯曲模。如果用手工加工,不仅会影响零件的加工精度,增加劳动强度,而且会延长产品的制造周期,增加产品成本。解决这一问题的有效途径是采用通用弯曲模。

采用通用弯曲模不仅可以制造一般的 V 形、U 形、Π 形零件,还可以制造精度要求不高的复杂形状零件,如图 3-66 所示是多次 V 形弯曲制造复杂零件示例。

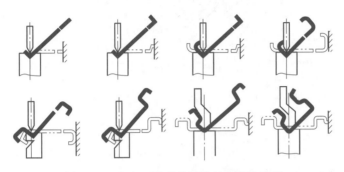

图 3-66　多次 V 形弯曲制造复杂零件示例

如图 3-67 所示是折弯机用通用弯曲模的端面形状。凹模四个面上分别制出适于弯制零件的几种槽口(如图 3-67(a)所示)。凸模有直臂式和曲臂式两种,工作圆角半径作成几种尺寸,以便按工件需要更换(如图 3-67(b)、图 3-67(c)所示)。

如图 3-68 所示为通用 V 形件弯曲模。凹模由两块组成,它具有四个工作面,以供弯曲多种角度。凸模按工件弯曲角和圆角半径大小更换。

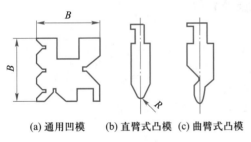

(a) 通用凹模　　(b) 直臂式凸模　(c) 曲臂式凸模

图 3-67　折弯机用通用弯曲模的端面形状

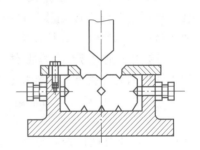

图 3-68　通用 V 形件弯曲模

任务5　弯曲件坯料尺寸及弯曲工艺力的计算

微课
坯料展开尺寸计算及工序安排

任务陈述 >>>

通过本任务的学习,了解弯曲成形时材料的展开原理,熟悉并掌握展开料尺寸的计算方法;如图 3-69 所示的 V 形支架,用多大的材料,才能弯成图示零件要求的尺寸? 在这个任务中将学习展开料尺寸计算的相关知识。

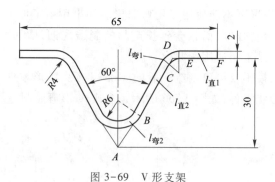

图 3-69 V 形支架

知识准备 >>>

知识点1 弯曲件中性层位置的确定

在进行弯曲工艺和弯曲模具设计时,要计算出弯曲件毛坯的展开尺寸。计算的依据是:变形区弯曲变形前后体积不变,应变中性层在弯曲变形前后长度不变。即弯曲变形区的应变中性层长度就是弯曲件的展开尺寸。

(1)当弯曲变形程度不大时($r/t \leqslant 3$ 时),可以认为应变中性层就在板料厚度的中心位置;

(2)当弯曲变形程度较大时($r/t > 3$ 时),应变中性层会向内表面偏移。这时,中性层位置的曲率半径可以用公式进行计算。

根据中性层的定义,弯曲件的坯料长度应等于中性层的展开长度。中性层位置以曲率半径 ρ 表示(如图 3-70 所示),通常用经验公式确定:

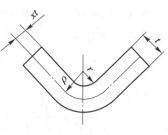

图 3-70 中性层位置

$$\rho = r + xt$$

式中,r——零件的内弯曲半径/mm;

t——材料的厚度/mm;

x——中性层位移系数,见表 3-7。

表 3-7 中性层位移系数 x

r/t	0.1	0.2	0.3	0.4	0.5	0.6	0.7	0.8	1	1.2
x	0.21	0.22	0.23	0.24	0.25	0.26	0.28	0.3	0.32	0.33
r/t	1.3	1.5	2	2.5	3	4	5	6	7	$\geqslant 8$
x	0.34	0.36	0.38	0.39	0.4	0.42	0.44	0.46	0.48	0.5

知识点2 弯曲件坯料尺寸计算

中性层位置确定后,对于形状比较简单、尺寸精度要求不高的弯曲件,可直接

142

采用下面介绍的方法计算坯料长度。而对于形状比较复杂或精度要求高的弯曲件，在利用下述公式初步计算坯料长度后，还需反复试弯，不断修正，才能最后确定坯料的形状及尺寸。

1. 圆角半径 $r>0.5t$ 的弯曲件

$r>0.5t$ 的弯曲件，由于变薄不严重，按中性层展开的原理，坯料总长度等于弯曲件直线部分和圆弧部分长度之和，如图 3-71 所示，即

$$L_z = l_1 + l_2 + \frac{\pi\alpha}{180}\rho = l_1 + l_2 + \frac{\pi\alpha}{180}(r+xt)$$

式中，L_z——坯料展开总长度；

α——弯曲中心角。

2. 圆角半径 $r<0.5t$ 的弯曲件

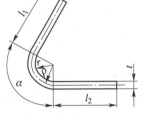

图 3-71　$r>0.5t$ 的弯曲件

对于 $r<0.5t$ 的弯曲件，由于弯曲变形时不仅制件的圆角变形区产生严重变薄，而且与其相邻的直边部分也变薄，故应按变形前后体积不变的条件确定坯料长度。通常采用表 3-8 所列的经验公式进行计算。

表 3-8　$r<0.5t$ 的弯曲件坯料长度计算经验公式

简图	计算公式	简图	计算公式
	$L_z = l_1 + l_2 + 0.4t$		$L_z = l_1 + l_2 + l_3 + 0.6t$（一次同时弯曲两个角）
	$L_z = l_1 + l_2 - 0.43t$		$L_z = l_1 + 2l_2 + 2l_3 + t$（一次同时弯曲四个角）
			$L_z = l_1 + 2l_2 + 2l_3 + 1.2t$（分为两次弯曲四个角）

知识点 3　弯曲工艺力的计算

弯曲力是设计弯曲模具和选择压力机的重要依据。由于弯曲力受材料性能、零件形状、弯曲方法、模具结构、模具间隙、工作表面质量等多种因素的影响，很难用理论分析的方法进行准确计算，所以在生产中常采用经验公式来概略计算。

1. 自由弯曲时的弯曲力

V 形件弯曲力：

$$F_{自} = \frac{0.6KBt^2\sigma_b}{r+t}$$

微课 弯曲力的计算

U形件弯曲力：
$$F_{自} = \frac{0.7KBt^2\sigma_b}{r+t}$$

式中，$F_{自}$——自由弯曲时在冲压行程结束时的弯曲力/N；

B——弯曲件的宽度/mm；

t——弯曲件材料厚度/mm；

σ_b——材料的抗拉强度/MPa；

K——安全系数，一般取 $K = 1.3$。

2. 校正弯曲时的弯曲力

$$F_{校} = Ap$$

式中，$F_{校}$——校正弯曲力/N；

A——校正部分投影面积/mm²；

p——单位面积校正力/MPa，其值见表 3-9。

表 3-9 单位面积校正力 p MPa

材料	料厚 t/mm		材料	料厚 t/mm	
	~3	3~10		~3	3~10
铝	30~40	50~60	10~20 钢	80~100	100~120
黄铜	60~80	80~100	25~35 铜	100~120	120~150

3. 顶件力或压料力

若弯曲模结构中有顶件装置或压料装置，其顶件力或压料力 F_Q 值可近似取自由弯曲力的 30%~80%，即：

$$F_Q = (0.3 \sim 0.8)F_{自}$$

4. 压力机公称压力的确定

有压料的自由弯曲，压力机公称压力应为：

$$F_{压机} \geq (1.2 \sim 1.3)(F_{自} + F_Q)$$

对于校正弯曲，由于校正弯曲力比顶件力或压料力 F_Q 大得多，故可忽略 F_Q，即：

$$F_{压机} \geq (1.2 \sim 1.3)F_{校}$$

任务实施 >>>

如图 3-69 所示的 V 形支架零件为弯曲件，材料为 20 号钢，厚度 $t = 2$ mm，计算其所需坯料展开长度。

因工件弯曲半径为 R4、R6，均为 $r > 0.5t$，故坯料展开长度公式为：

$$L_Z = 2(l_{直1} + l_{直2} + l_{弯1} + l_{弯2})$$

式中，$l_{直1}$、$l_{直2}$——弯曲件直边部分长度/mm；

$l_{弯1}$、$l_{弯2}$——弯曲件弯曲部分长度/mm。

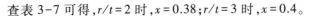

查表 3-7 可得，$r/t = 2$ 时，$x = 0.38$；$r/t = 3$ 时，$x = 0.4$。

$$l_{直1} = EF = [\,32.5 - (30 \times \tan 30° + 4 \times \tan 30°)\,]\ \text{mm} = 12.87\ \text{mm}$$

$$l_{直2} = BC = \left[\frac{30}{\cos 30°} - (8 \times \tan 60° + 4 \times \tan 30°)\right]\ \text{mm} = 18.47\ \text{mm}$$

$$l_{弯1} = \frac{\pi\alpha}{180}(r + xt) = \frac{\pi \times 60°}{180°}(4 + 0.38 \times 2)\ \text{mm} = 4.98\ \text{mm}$$

$$l_{弯2} = \frac{\pi\alpha}{180}(r + xt) = \frac{\pi \times 60°}{180°}(6 + 0.4 \times 2)\ \text{mm} = 7.12\ \text{mm}$$

则坯料展开长度为：

$$L_Z = 2(l_{直1} + l_{直2} + l_{弯1}) + l_{弯2} = 2 \times (12.87 + 18.47 + 4.98) + 7.12\ \text{mm} = 79.76\ \text{mm}$$

任务拓展 >>>

铰链式弯曲件

对于 $r = (0.6 \sim 3.5)t$ 的铰链件（如图 3-72（a）所示），通常采用推圆的方法成形（如图 3-56 所示），在卷圆过程中板料增厚，中性层外移（如图 3-72（b）所示），其坯料长度可按下式近似计算：

$$L_Z = l + 1.5\pi(r + kt) \approx l + 5.7r + 4.7kt$$

式中，l——直线段长度（mm）；

　　　r——铰链内半径（mm）；

　　　k——中性层位移系数，查表 3-10 确定。

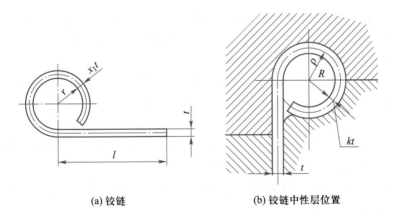

| (a) 铰链 | (b) 铰链中性层位置 |

图 3-72　铰链式弯曲件

表 3-10　卷边时中性层位移系数 k 值

r/t	>0.5~0.6	>0.6~0.8	>0.8~1	>1~1.2	>1.2~1.5	>1.5~1.8	>1.8~2	>2~2.2	>2.2
k	0.76	0.73	0.7	0.67	0.64	0.61	0.58	0.54	0.5

任务6　弯曲模具设计

任务陈述 >>>

通过本任务的学习,了解弯曲模结构设计应注意的问题,熟悉并掌握弯曲模工作部分尺寸设计的方法及流程;并为图3-29所示的双孔U形支架设计模具及工作零件的主要结构尺寸。在这个任务中将要学习弯曲模具设计的相关知识。

知识准备 >>>

知识点1　弯曲模结构设计要点及应注意的问题

1. 弯曲模结构设计要点

弯曲模的结构主要取决于弯曲件的形状及弯曲工序的安排。最简单的弯曲模只有一个垂直运动,复杂的弯曲模除了垂直运动外,还有一个乃至多个水平动作。

弯曲模结构设计要点为:

① 弯曲毛坯的定位要准确、可靠,尽可能是水平放置,多次弯曲最好使用同一基准定位。

② 结构要能防止毛坯在变形过程中发生位移,毛坯安放和制件取出要方便、安全且操作简单。

③ 模具结构尽量简单,并且便于调整修理。对于回弹性大的材料弯曲,应考虑凸、凹模制造加工及试模、修模的可能性以及刚度和强度的要求。

2. 弯曲模结构设计应注意的问题

① 模具结构应能保证坯料在弯曲时不发生偏移。为了防止坯料偏移,应尽量利用零件上的孔,用定料销定位(如图3-44(b)所示),定料销装在顶板上时应注意防止顶板与凹模之间产生窜动(如图3-42(e)、图3-50(b)所示)。工件无孔时可采用定位尖(如图3-42(b)所示)、顶杆(如图3-42(c)所示)、顶板(如图3-42(d)、图3-47所示)等措施防止坯料偏移。

② 模具结构不应妨碍坯料在合模过程中应有的转动和移动(如图3-48、图3-60所示)。

③ 模具结构应能保证弯曲时产生的水平方向上的错移力得到平衡(如图3-42(e)、图3-50(b)、图3-54所示)。

知识点2　弯曲模工作部分尺寸的设计

弯曲模工作部分的尺寸如图3-73所示。

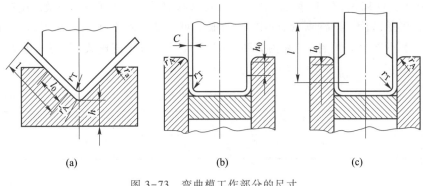

微课
弯曲模主要
工作零件结
构参数

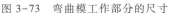

图 3-73　弯曲模工作部分的尺寸

1. 凸模圆角半径

（1）当工件的相对弯曲半径 r/t 较小时，凸模圆角半径 r_t 取等于工件的弯曲半径，但不应小于表 3-2 所列的最小弯曲半径值。

（2）当工件的相对弯曲半径 $r/t>10$ 时，则应考虑回弹，将凸模圆角半径加以修正。

2. 凹模圆角半径

凹模圆角半径 r_A 不能过小，以免擦伤工件表面，影响冲模寿命。凹模两边的圆角半径应一致，否则弯曲时坯料会发生偏移。r_A 值通常根据材料厚度选取：

$$t<2 \qquad r_A=(3\sim6)t$$
$$t=2\sim4 \qquad r_A=(2\sim3)t$$
$$t>4 \qquad r_A=2t$$

V 形弯曲凹模的底部可开退刀槽或取圆角半径，如图 3-73（a）所示。

3. 凹模深度

凹模深度 l_0 过小，则坯料两端未受压部分太多，工件回弹大且不平直，影响工件质量。若过大，则浪费模具钢材，且需压力机有较大的工作行程。

V 形件弯曲模：凹模深度 l_0 及底部最小厚度 h 值可查表 3-11，但应保证凹模开口宽度 L_A 值不能大于弯曲坯料展开长度的 0.8 倍。

表 3-11　V 形件弯曲凹模深度 l_0、底部最小厚度 h　　　　　mm

弯曲件的边长 l	材料厚度 l					
	<2		2~4		>4	
	h	l_0	h	l_0	h	l_0
10~25	20	10~15	22	15	—	—
>25~50	22	15~20	27	25	32	30
>50~75	27	20~25	32	30	37	35
>75~100	32	25~30	37	35	42	40
>100~150	37	30~35	42	40	47	50

U形件弯曲模:对于弯边高度不大或要求两边平直的 U 形件,凹模深度应大于零件的高度,如图 3-73 所示,图中 h_0 的取值见表 3-12;对于弯边高度较大,而平直度要求不高的 U 形件,可采用如图 3-73(c)所示的凹模形式,凹模深度 l_0 的取值见表 3-13。

表 3-12　U 形件弯曲凹模深度 h_0　　　　　　　　　　　mm

材料厚度 t	<1	1~2	2~3	3~4	4~5	5~6	6~7	7~8	8~10
h_0	3	4	5	6	8	0	15	20	25

表 3-13　U 形件弯曲凹模深度 l_0　　　　　　　　　　　mm

弯曲件边长 l	材料厚度 t				
	<1	1~2	2~4	4~6	6~10
<50	15	20	25	30	35
50~75	20	25	30	35	40
75~100	25	30	35	40	40
100~150	30	35	40	50	50
150~200	40	45	55	65	65

4. 凸、凹模间隙

V 形弯曲模的凸、凹模间隙是靠调整压力机的闭合高度来控制的,设计时可以不考虑。对于 U 形件弯曲模,应当选择合适的间隙。间隙过小,会使工件弯边厚度变薄,降低凹模寿命,增大弯曲力。间隙过大,则回弹大,降低工件的精度。U 形件弯曲模的凸、凹模单边间隙一般可按下式计算:

$$弯曲有色金属:c = t_{min} + nt$$

$$弯曲黑色金属:c = t + nt$$

式中,c——弯曲模凸、凹模单面间隙/mm;

　　　t——工件材料厚度基本尺寸/mm;

　　　t_{min}——工件材料厚度最小尺寸/mm;

　　　n——间隙系数,可查表 3-14;

当工件精度要求较高时,其间隙应适当缩小,可取 $c = t$。

表 3-14　U 形件弯曲模凸、凹模的间隙系数 n 值　　　　　　　　　　　mm

弯曲高度 H	弯曲件宽度 $B \leq 2H$				弯曲件宽度 $B > 2H$				
	材料厚度 t								
	<0.5	0.6~2	2.1~4	4.1~5	<0.5	0.6~2	2.1~4	4.1~7.5	7.6~12
10	0.05	0.05	0.04	—	0.10	0.10	0.08	—	—
20	0.05	0.05	0.04	0.03	0.10	0.10	0.08	0.06	0.06
35	0.07	0.05	0.04	0.03	0.15	0.10	0.08	0.06	0.06

续表

弯曲高度 H	弯曲件宽度 B≤2H				弯曲件宽度 B>2H				
	材料厚度 t								
	<0.5	0.6~2	2.1~4	4.1~5	<0.5	0.6~2	2.1~4	4.1~7.5	7.6~12
50	0.10	0.07	0.05	0.04	0.20	0.15	0.10	0.06	0.06
70	0.10	0.07	0.05	0.05	0.20	0.15	0.10	0.10	0.08
100	—	0.07	0.05	0.05	—	0.15	0.10	0.10	0.08
150	—	0.10	0.07	0.05		0.20	0.15	0.10	0.10
200		0.10	0.07	0.07		0.20	0.15	0.15	0.10

任务实施 ▶▶▶

如图 3-29 所示的双孔 U 形支架零件为弯曲件,材料为 20 号钢,厚度 $t=2$ mm,未注公差按 IT12 级,设计其模具结构及工作零件尺寸。

1. 模具结构

双孔 U 形支架是典型的 U 形弯曲零件,因底部有 $2×\phi7$ 孔(可在落料时冲出),故弯曲时可用这 2 个孔定位,模具结构可采用的结构如图 3-74 所示。

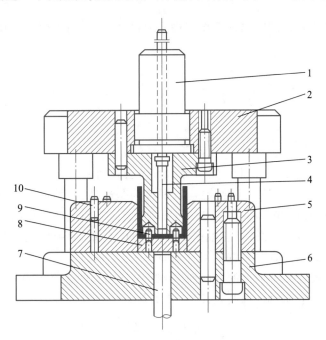

图 3-74 双孔 U 形支架弯曲模

1—模柄;2—上模座;3—凸模;4—打杆;5—凹模;

6—下模座;7—顶出机构;8—顶件块;9—定位销;10—限位钉

2. 模具工作零件主要尺寸设计

（1）凸模和凹模的间隙　双孔 U 形支架零件材料是 20 号钢，为黑色金属，故其凸模和凹模的间隙 $c=t+nt$，由表 3-14 查得 $n=0.06$，因此：

$$c=(2+0.06\times2)\,\text{mm}=2.12\,\text{mm}$$

（2）凸模和凹模工作尺寸及公差　因该弯曲零件尺寸标注在外形上，所以应以凹模为基准件，间隙取在凸模上。

U 形件宽度尺寸为 50，未注公差取 IT12 级，按入体原则，应为 $50_{-0.25}^{0}$，故：

凹模尺寸：$L_{\text{A}}=(L-0.75\Delta)_{0}^{+8\text{A}}=(50-0.75\times0.25)_{0}^{+8\text{A}}\,\text{mm}=49.812\,5_{0}^{+8\text{A}}\,\text{mm}$

δ_{A} 按 IT8 级，查得其值为 0.039，因此凹模尺寸 $L_{\text{A}}=49.812\,5_{0}^{+0.039}\,\text{mm}$

凸模尺寸：$L_{\text{T}}=(L_{\text{A}}-2c)_{-8\text{T}}^{0}=(49.812\,5-2\times2.12)_{-8\text{T}}^{0}\,\text{mm}=45.572\,5_{-8\text{p}}^{0}\,\text{mm}$

δ_{T} 按 IT7 级，查得其值为 0.025，因此凸模尺寸 $L_{\text{T}}=45.572\,5_{-0.025}^{0}\,\text{mm}$

（3）凸模和凹模的圆角半径

① 凸模圆角半径 r_{T}　因该弯曲内圆角半径为 R2，$r/t=2/2=1$，满足 $r/t<5$，因此凸模圆角半径 r_{T} 等于弯曲件的圆角半径，即：$r_{\text{T}}=2\,\text{mm}$。

② 凹模圆角半径 r_{A}　因该件料厚 $t=2$，$r_{\text{A}}=(3\sim6)t$，此处我们取 $r_{\text{A}}=4t$，即：

$$r_{\text{A}}=4t=4\times2\,\text{mm}=8\,\text{mm}$$

（4）凹模工作部分深度 l_0　根据双孔 U 形支架弯曲模结构，由表 3-13 可查得：$l_0=20\,\text{mm}$。

由计算或查表得到的模具工作零件主要尺寸，可以用于模具工作零件的图样设计。

▌任务拓展 ▶▶▶

U 形件弯曲凸、凹模横向尺寸及公差

决定 U 形件弯曲凸、凹模工作宽度尺寸及公差的原则是：工件标注外形尺寸时（如图 3-75(a)、图 3-75(b) 所示）应以凹模为基准件，间隙取在凸模上。工件标注内形尺寸时（如图 3-75(c)、图 3-75(d) 所示），应以凸模为基准件，间隙取在凹模上。凸、凹模的尺寸和公差应根据工件的尺寸、公差、回弹情况以及模具磨损规律而定。图中 Δ 为弯曲件横向的尺寸偏差。

（1）尺寸标注在外形上的弯曲件（如图 3-75(a)、图 3-75(b) 所示）。

当弯曲件为双向对称偏差时，凹模尺寸为：

$$L_{\text{A}}=(L_{\max}-0.5\Delta)_{0}^{+\delta_{\text{A}}}$$

当弯曲件为单向偏差时，凹模尺寸为：

$$L_{\text{A}}=(L_{\max}-0.75\Delta)_{0}^{+\delta_{\text{A}}}$$

凸模尺寸为：
$$L_{\text{A}}=(L_{\text{A}}-2c)_{-\delta_{\text{A}}}^{0}$$

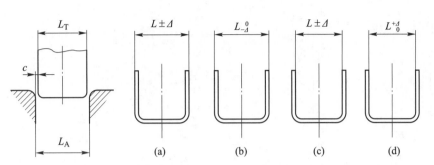

图 3-75 标注内形和外形尺寸的弯曲件

或者凸模尺寸按凹模实际尺寸配作,保证单面间隙值 c。

(2)尺寸标注在内形上的弯曲件(如图 3-75(c)、图 3-75(d)所示)。

当弯曲件为双向对称偏差时,凸模尺寸为:

$$L_{\mathrm{T}} = (L_{\min} + 0.5\Delta)_{-\delta_{\mathrm{T}}}^{0}$$

当弯曲件为单向偏差时,凸模尺寸为:

$$L_{\mathrm{T}} = (L_{\min} + 0.75\Delta)_{-\delta_{\mathrm{T}}}^{0}$$

凹模尺寸为: $$L_{\mathrm{A}} = (L_{\mathrm{T}} + 2c)_{0}^{+\delta_{\mathrm{A}}}$$

或者凹模尺寸按凸模实际尺寸配作,保证单面间隙值 c。

式中,L_{T}、L_{A}——凸、凹模横向尺寸/mm;

$\qquad L_{\max}$——弯曲件横向的最大极限尺寸/mm;

$\qquad L_{\min}$——弯曲件横向的最小极限尺寸/mm;

$\qquad \Delta$——弯曲件横向的尺寸公差/mm;

$\qquad \delta_{\mathrm{T}}$、$\delta_{\mathrm{A}}$——凸、凹模的制造公差/mm,可采用 IT7 ~ IT9 级精度,一般凸模精度
比凹模精度高一级。

思考与练习

1. 弯曲的变形程度用什么来表示?极限变形程度受哪些因素的影响?

2. 为什么说弯曲回弹是弯曲工艺不能忽略的问题?试述减小弯曲回弹的常用措施。

3. 什么是最小相对弯曲半径?影响最小相对弯曲半径的因素有哪些?

4. 弯曲件弯曲工序的安排要注意哪些问题?

5. 计算如题图 3-5 所示各弯曲件坯料的长度。

题图 3-5 弯曲件

项目四

拉深工艺与模具设计

拉深也是冷冲压的基本工序之一。拉深模结构以及典型拉深模设计涉及拉深变形过程分析、拉深件质量及影响因素、拉深间隙确定、拉深件展开坯料尺寸的计算、拉深次数计算、拉深工序安排、拉深工艺性分析与工艺方案制订、拉伸模典型结构、零部件设计等。

课件
拉深工艺与
模具设计

任务1 拉深变形过程及变形特点

任务陈述 >>>

通过本任务的学习,了解拉深变形过程和变形特点;学会分析其质量影响因素。认识拉深成形典型零件(如图4-1所示),了解其拉深方法及工艺装备。

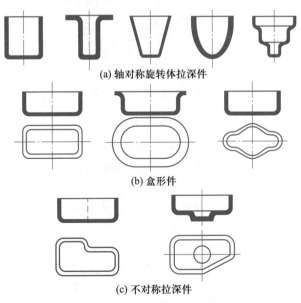

(a) 轴对称旋转体拉深件

(b) 盒形件

(c) 不对称拉深件

图 4-1 拉深成形典型零件

微课
拉深概述

知识准备 >>>

知识点1　拉深概述

拉深(又称拉延)是利用拉深模在压力机的压力作用下,将平板坯料或空心工序件制成开口空心零件的加工方法。它是冲压基本工序之一,广泛应用于汽车、电子、日用品、仪表、航空航天等各种工业部门的产品生产中,不仅可以加工旋转体零件,还可加工盒形零件及其他形状复杂的薄壁零件。

拉深可分为不变薄拉深和变薄拉深。前者拉深成形后的零件,其各部分的壁厚与拉深前的坯料相比基本不变;后者拉深成形后的零件,其壁厚与拉深前的坯料相比有明显的变薄,这种变薄是产品要求的,零件呈现底厚、壁薄的特点。在实际生产中,应用较多的是不变薄拉深。本任务也重点介绍不变薄拉深工艺与模具设计。

拉深所使用的模具叫拉深模,其结构相对较简单,与冲裁模比较,工作部分有较大的圆角,表面质量要求高,凸、凹模间隙略大于板料厚度。如图4-2所示为有压料圈的首次拉深模结构图,平板坯料放入定位板6内,当上模下行时,首先由压料圈5和凹模7将平板坯料压住,随后凸模10将坯料逐渐拉入凹模孔内形成直壁圆筒。成形后,当上模回升时,弹簧4恢复,利用压料圈5将拉深件从凸模10上卸下,为了便于成形和卸料,在凸模10上开设通气孔。压料圈在这副模具中,既起压料作用,又起卸载作用。

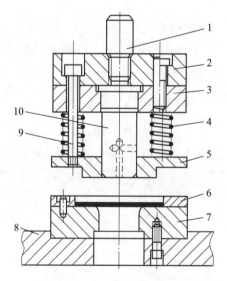

图4-2　有压料圈的首次拉深模结构图

1—模柄;2—上模座;3—凸模固定板;4—弹簧;5—压料圈;
6—定位板;7—凹模;8—下模座;9—卸料螺钉;10—凸模

知识点2 圆筒形件拉深的变形分析

1. 拉深件变形过程

圆筒形件是最典型的拉深件,平板圆形坯料拉深成为圆筒形件的变形过程如图4-3所示。

微课
拉深变形过程分析

为了说明坯料拉深的变形过程,在平板坯料上,沿直径方向画出一个局部的扇形区 oab。当凸模下压时,将坯料拉入凹模,扇形 oab 变为以下三部分:筒底部分 oef,筒壁部分 $cdef$,凸缘部分 $a'b'cd$。当凸模继续下压时,筒底部分基本不变,凸缘部分的材料继续转变为筒壁,筒壁部分逐步增高。凸缘部分逐步缩小,直至全部变为筒壁。可见坯料在拉深过程中,变形主要集中在凹模面上的凸缘部分,可以说拉深过程就是凸缘部分逐步缩小转变为筒壁的过程。坯料的凸缘部分是变形区,底部和已成形的侧壁为传力区。

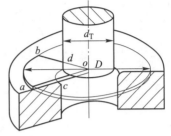

如果圆平板坯料直径为 D,拉深后筒形件的直径为 d,通常以筒形直径与坯料直径的比值来表示拉深变形程度的大小,即:

$$m = \frac{d}{D}$$

m 称为拉深系数,m 越小,拉深变形程度越大;相反 m 越大,拉深变形程度就越小。

为了进一步说明拉深时的金属变形过程,可以进行如下试验:在圆形平板坯料上画许多间距都等于 a 的同心圆和分度相等的辐射线,由这些同心圆和分度辐射线组成网格,如图4-4(a)所示。拉深后网格变化情况如图4-4(b)所示,筒形件底部的网格基本上保持原来的形状,如图4-4(d)所示,

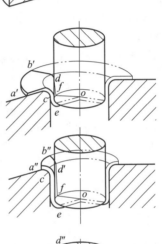

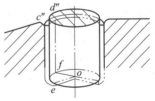

图4-3 拉深件变形过程

动画
拉深中毛坯材料流动情况

而筒壁上的网格与坯料凸缘部分(即外径为 D、内径为 d 的环形部分)上的网格比较,发生了很大的变化,原来直径不等的同心圆变为筒壁上直径相等的圆,其间距增大了,越靠近筒形件口部的间距增大越多,即由原来的 a 变为 a_1、a_2、a_3…,且 $a_1 > a_2 > a_3 > \cdots > a$;原来分度相等的辐射线变成筒壁上的垂直平行线,其间距缩小了,越靠近筒形件口部的间距缩小越多,即由原来的 $b_1 > b_2 > b_3 > \cdots > b$ 变为 $b_1 = b_2 = b_3 = \cdots = b$。如果拿一个小单元来看,在拉深前是扇形(如图4-4(a)所示),其面积为 A_1,拉深后变为矩形(如图4-4(b)所示),其面积为 A_2。实践证明,拉深后板料厚度变化很小,因此可以近似认为拉深前后小单元的面积不变,即 $A_1 = A_2$。

为什么拉深前扇形小单元能够变为拉深后的矩形呢?这是由于坯料在模具的作用下金属内部产生了内应力,对一个小单元来说(如图4-4(c)所示),径向受拉

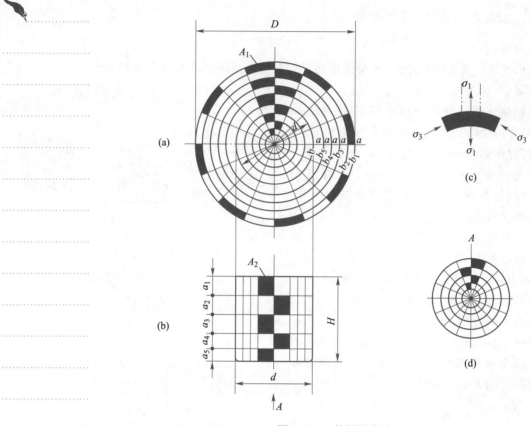

图 4-4　　拉深网格试验

应力 σ_1 作用,切线方向受压应力 σ_3 作用,因而径向产生拉伸变形,切向产生压缩变形,径向尺寸增大,切向尺寸减小,结果形状由扇形变为矩形。当凸缘部分的材料变为筒壁时,外缘尺寸由初始的 πD 逐渐缩短变为 πd;而径向尺寸由初始的 $(D-d)/2$ 逐步伸长变为高度 $H,H>(D-d)/2$。

　　综上所述,拉深变形过程可概括为:在拉深过程中,由于外力的作用,坯料凸缘区内部的各个小单元体之间产生了相互作用的内应力,径向为拉应力 σ_1,切向为压应力 σ_3。在 σ_1 和 σ_3 的共同作用下,凸缘部分金属材料产生塑性变形,径向伸长,切向压缩,且不断被拉入凹模中变为筒壁,最后得到直径为 d,高度为 H 的薄壁件。

　　2. 拉深过程中坯料内应力与应变状态

　　拉深过程中易出现的质量问题主要是凸缘变形区的起皱和筒壁传力区的拉裂。凸缘区的起皱是由于切向压应力引起板料失去稳定造成弯曲;传力区的拉裂是由于拉应力超过抗拉强度引起板料断裂。同时,拉深变形区板料有所增厚,而传力区板料有所变薄。这些现象表明,在拉深过程中,坯料内各区的应力、应变状态是不同的,因而出现的问题也不同。为了更好地解决上述问题,有必要研究拉深过程中坯料内各区的应力与应变状态。

　　拉深过程中的应力与应变状态如图 4-5 所示。根据应力与应变状态不同,可将坯料划分为五个部分。σ_1、ε_1 分别代表坯料径向的应力和应变;σ_2、ε_2 分别代表坯料厚度方向的应力和应变;σ_3、ε_3 分别代表坯料切向的应力和应变。

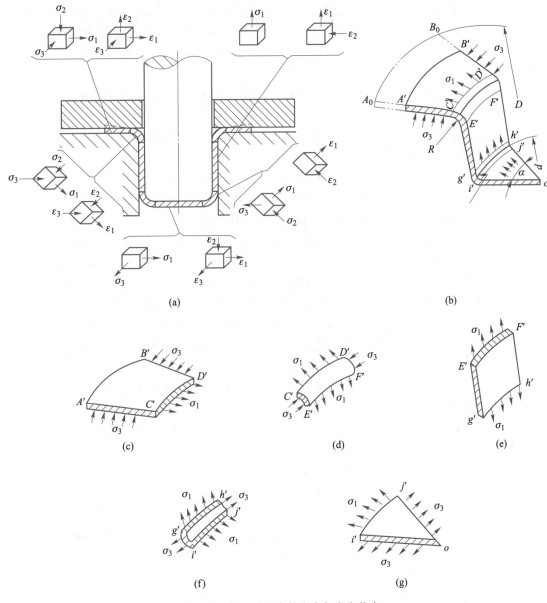

图 4-5 拉深过程中的应力与应变状态

（1）凸缘部分（如图 4-5（a）、（b）、（c）所示） 这是拉深的主要变形区,材料在径向拉应力 σ_1 和切向压应力 σ_3 的共同作用下产生切向压缩与径向伸长变形而逐渐被拉入凹模。力学分析可证明,凸缘变形区的拉应力 σ_1 和切向压应力 σ_3 是按对数曲线分布的,其分布情况如图 4-6 所示,在 $R' = r$ 处（即凹模入口处）,凸缘上径向拉应力 σ_1 的值最大,切向压应力 σ_3 值最小;在 $R' = R_t$ 处（即凸缘的外边缘）,切向压应力 σ_3 的值最大,径向拉应力 σ_1 为零。

在厚度方向上,由于压料圈的作用,产生压应力 σ_2,通常 σ_1 和 σ_3 的绝对值比 σ_2 大得多。厚度方向上材料的变形情况取决于径向拉应力 σ_1 和切向压应力 σ_3 之间的比例关系,一般在材料产生切向压缩和径向伸长的同时,厚度有所增厚,越接近于外缘,板料增厚越多。如果不压料($\sigma_2 = 0$),或压料力较小(σ_2 小),这时板料增厚比较大。当拉深变形程度较大,板料又比较薄时,则在坯料的凸缘部分,特别是外缘部分,在切向压应力 σ_3 作用下可能失稳而拱起,产生起皱现象。

(2)**凹模圆角部分**(如图 4-5(a)、(b)、(d)所示) 这部分是凸缘和筒壁的过渡区,材料变形复杂。切向受压应力而压缩,径向受拉应力而伸长,厚度方向受到凹模圆角弯曲作用产生压应力。由于该部分径向拉应力的绝对值最大,所以绝对值最大的主应变为拉应变,而和为压应变。

(3)**筒壁部分**(如图 4-5(a)、(b)、(e)所示) 这部分是凸缘部分材料经塑性变形后形成的筒壁,它将凸模的作用力传递给凸缘变形区,因此是传力区。该部分受单向拉应力作用,发生少量的纵向伸长和厚度变薄。

(4)**凸模圆角部分**(如图 4-5(a)、(b)、(f)所示) 这部分是筒壁和圆筒底部的过渡区。拉深过程一直承受径向拉应力和切向拉应力的作用,同时厚度方向受到凸模圆角的压力和弯曲作用,形成较大的压应力,因此这部分材料变薄严重,尤其是与筒壁相切的部位,最容易出现拉裂,是拉深的"危险断面"。因为,此处传递拉深力的截面积较小,因此产生的拉应力较大。同时,该处所需要转移的材料较少,故该处材料的变形程度很小,冷作硬化较低,材料的屈服极限也就较低。而与凹模圆角部分相比,该处又不像凹模圆角处,存在较大的摩擦阻力。因此在拉深过程中,此处变薄最为严重,是整个零件强度最薄弱的地方,易出现变薄超差甚至拉裂。

(5)**筒底部分**(如图 4-5(a)、(b)、(g)所示) 这部分材料与凸模底面接触,直接接收凸模施加的拉深力并传递到筒壁,是传力区。该处材料在拉深开始时即被拉入凹模,并在拉深的整个过程中保持其平面形状。它受到径向和切向双向拉应力作用,变形为径向和切向伸长、厚度变薄,但变形量很小。

从拉深过程坯料的应力应变的分析中可见:坯料各区的应力与应变是很不均匀的。即使在凸缘变形区内也是这样,如图 4-6 所示,越靠近外缘,变形程度越大,板料增厚也越多。从如图 4-7 所示拉深成形后制件壁厚和硬度分布情况可以看出,拉深件下部壁厚略有变薄,壁部与圆角相切处变薄严重,口部最厚。由于坯料各处变形程度不同,加工硬化程度也不同,表现为拉深件各部分硬度不一样,越接近口部,硬度愈大。

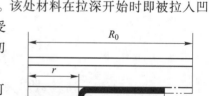
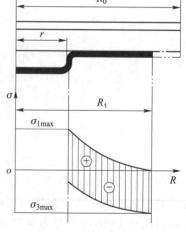

图 4-6 拉深件凸缘
变形区应力分布

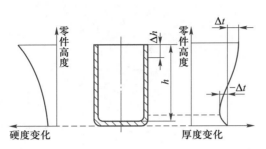

图 4-7　拉深成形后制件壁厚和硬度分布情况

任务拓展 >>>

拉深成形的障碍及防止措施

凸缘变形区的"起皱"和筒壁传力区的"拉裂"是拉深工艺能否顺利进行的主要障碍;同时,硬化和突耳也是拉深时的不利现象。为此,必须了解起皱和拉裂的原因,在拉深工艺和拉深模设计等方面采取适当的措施,保证拉深工艺的顺利进行,提高拉深件的质量。

1. 凸缘变形区的起皱

拉深过程中,凸缘变形区的材料在切向压应力 σ 的作用下,可能会产生失稳起皱,如图 4-8 所示。凸缘变形区会不会起皱,主要决定于两个方面:一方面是切向压应力 σ 的大小,越大越容易失稳起皱;另一方面是凸缘变形区板料本身抵抗失稳的能力,凸缘宽度越大,厚度越薄,材料弹性模量和硬化模量越小,抵抗失稳能力越小。这类似于材料力学中的压杆稳定问题。压杆是否稳定不仅取决于压力,而且取决于压杆的粗细。在拉深过程中 σ_3 是随着拉深的进行而增加的,但凸缘变形区的相对厚度 $t/(D-d)$ 也在增大。这说明拉深过程中失稳起皱的因素在增加但抗失稳起皱的能力也在增加。

2. 筒壁的拉裂

拉深时,坯料内各部分的受力关系如图 4-9(a)所示。筒壁所受的拉应力除了与径向拉应力有关之外,还与由于压料力引起的摩擦阻力、坯料在凹模圆角表面滑动所产生的摩擦阻力和弯曲变形所形成的阻力有关。

筒壁会不会拉裂主要取决于两个方面:一方面是筒壁传力区中的拉应力;另一方面是筒壁传力区的抗拉强度。当筒壁拉应力超过筒壁材料的抗拉强度时,拉深件就会在底部圆角与筒壁相切处的"危险断面"产生破裂,如图 4-9(b)所示。

要防止筒壁的拉裂,一方面要通过改善材料的力学性能,提高筒壁抗拉强度;另一方面是通过正确制订拉深工艺和模具设计,合理确定拉深变形程度、凹模圆角半径,合理改善润滑条件等,以降低筒壁传力区中的拉应力。

3. 硬化

拉深是一个塑性变形过程,材料变形后必然发生加工硬化,使其硬度和强度增加,塑性下降。

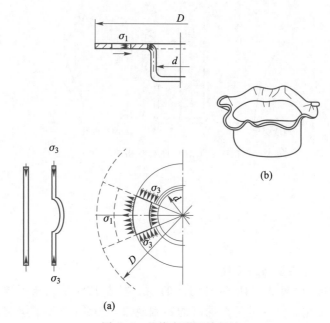

图 4-8　凸缘变形区的起皱

加工硬化的好处是使工件的强度和刚度高于毛坯材料,但塑性降低又使材料进一步拉深时变形困难。

4. 突耳

筒形零件拉深时,由于材料的各向异性,在拉深件口端出现的高低不平现象称为突耳,如图 4-10 所示。

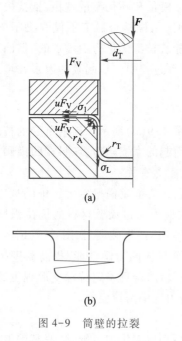

图 4-9　筒壁的拉裂

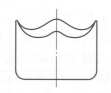

图 4-10　筒口的突耳

任务2 拉深件的工艺性及毛坯尺寸计算

任务陈述 >>>

通过本任务的学习,了解拉深件的结构工艺性、尺寸精度公差、常用材料等,掌握拉深件毛坯尺寸计算的方法。分析如图 4-11 所示水杯的工艺性,并计算出其坯料尺寸,材料为 08 号钢,厚度 $t = 2$ mm。

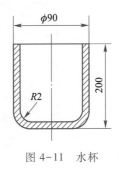

图 4-11 水杯

知识准备 >>>

知识点1 拉深件的工艺性

拉深件的工艺性是指拉深件对拉深工艺的适应性。

具有良好工艺性的拉深件,能简化拉深模的结构,减少拉深次数、提高生产效率。主要有以下几个方面。

1. 拉深件的公差等级

一般情况下,拉深件的尺寸精度应在 IT13 级以下,不宜高于 IT11 级。如果公差等级要求高,就要增加整形工序以达到尺寸要求。

拉深件壁厚公差一般不应超出拉深工艺壁厚变化规律。据统计,不变薄拉深时,壁的最大增厚量约为 $(0.2 \sim 0.3) t$;最大变薄量约为 $(0.10 \sim 0.18) t$(t 为板料厚度)。

2. 拉深件的形状与尺寸

(1)设计拉深件时,不能同时标注内外形的尺寸,产品图上的尺寸应注明必须保证的是外形尺寸还是内形尺寸;带台阶的拉深件,其高度方向的尺寸标注应以底部为基准,若以上部为基准,高度尺寸不易保证,如图 4-12 所示;筒壁和底部连接处的圆角只能标在内形处。

(2)拉深件形状应尽量简单、对称。设计拉深件时应尽量减少其高度,使其可能用一次或两次拉深工序来完成。

（3）拉深件的圆角半径，拉深件凸缘与筒壁间的圆角半径 $r_d \geq 2t$，为便于拉深顺利进行，通常取 $r_d \geq (4 \sim 8)t$；若 $r_d \leq 2t$，需要增加整形工序。

（4）拉深件各部分尺寸比例要恰当。尽量避免设计宽凸缘和深度大的拉深件（如：凸缘直径 $d_t > 3d$，$h \geq 2d$）。

（5）在凸缘上有下凹的拉深件，如图 4-13 所示，下凹的轴线与拉深方向一致时可以拉出，若下凹的轴线与拉深方向垂直，则不能在同一工序拉出，只能在最后校正时压出。

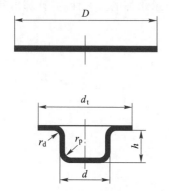

图 4-12 带台阶拉深件的尺寸标注

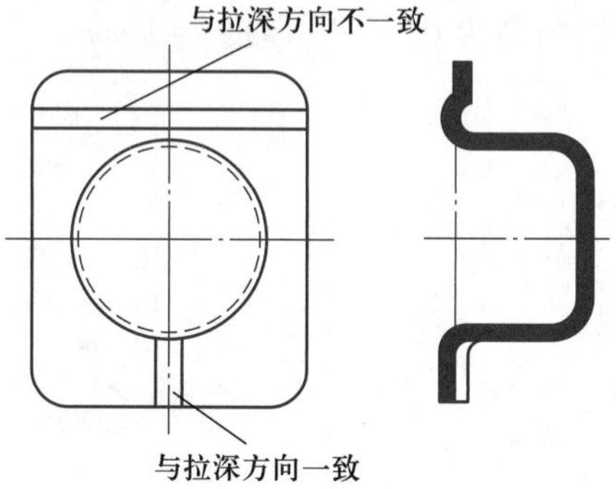

图 4-13 凸缘上有下凹的拉深件

（6）需多次拉深的零件，在保证必要的表面质量前提下，应允许内、外表面存在拉深过程中可能产生的痕迹。

（7）在保证装配要求的前提下，应允许拉深件侧壁有一定的斜度。

（8）拉深件底部或凸缘上有孔时，孔边到侧壁的距离应满足：$a \geq r_d + 0.5t$（$\geq r_p + 0.5t$），如图 4-14 所示。

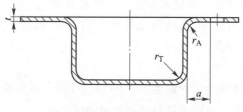

图 4-14 拉深件的孔边距

3. 拉深件材料

用于拉深的材料一般要求具有较好的塑性、较低的屈强比、大的板厚方向性系数和小的板平面方向性。如 08 号钢、08F 号钢。

知识点2 拉深件的毛坯尺寸计算

1. 坯料形状和尺寸确定的依据

拉深件坯料形状和尺寸以冲件形状和尺寸为基础，按体积不变原则和相似原则确定。体积不变原则，即对于不变薄拉深，假设变形前后料厚不变，拉深前坯料表面积与拉深后冲件表面积近似相等,得到坯料尺寸;相似原则,即利用拉深前坯料的形状与冲件断面形状相似,得到坯料形状。当冲件的断面是圆形、正方形、长方形或椭圆形时,其坯料形状应与冲件的断面形状相似,但坯料的周边必须是光滑的曲线连接。

微课
圆筒形拉深件毛坯尺寸计算

对于形状复杂的拉深件,利用相似原则仅能初步确定坯料形状,必须通过多次试压,反复修改,才能最终确定出坯料形状。因此,拉深件的模具设计一般是先设计拉深模,坯料形状尺寸确定后再设计冲裁模。

由于金属板料受板平面方向性和模具几何形状等因素的影响,会造成拉深件口部不整齐,因此在多数情况下采取加大工序件高度或凸缘宽度的办法,拉深后再经过切边工序以保证零件质量。切边余量可参考表 4-1 和表 4-2。

表 4-1 无凸缘圆筒形拉深件的切边余量 Δh mm

工件高度 h	工件的相对高度 h/d				附图
	>0.5~0.8	>0.8~1.6	>1.6~2.5	>2.5~4	
≤10	1.0	1.2	1.5	2	
>10~20	1.2	1.6	2	2.5	
>20~50	2	2.5	3.3	4	
>50~100	3	3.8	5	6	
>100~150	4	5	6.5	8	
>150~200	5	6.3	8	10	
>200~250	6	7.5	9	11	
>250	7	8.5	10	12	

表 4-2 有凸缘圆筒形拉深件的切边余量 ΔR mm

凸缘直径 d_t	凸缘的相对直径 d_t/d				附图
	1.5 以下	>1.5~2	>2~2.5	>2.5~3	
≤25	1.6	1.4	1.2	1.0	
>25~50	2.5	2.0	1.8	1.6	
>50~100	3.5	3.0	2.5	2.2	
>100~150	4.3	3.6	3.0	2.5	
>150~200	5.0	4.2	3.5	2.7	
>200~250	5.5	4.6	3.8	2.8	
>250	6	5	4	3	

当零件的相对高度 H/d 很小,并且高度尺寸要求不高时,也可以不用切边工序。

2. 简单旋转体拉深件坯料尺寸的确定

首先将拉深件划分为若干个简单的,便于计算的几何体,并分别求出各简单几何体的表面积。把各简单几何体面积相加即为零件总面积,然后根据表面积相等原则,求出坯料直径。

如图4-15所示为圆筒形拉深件坯料尺寸计算图,按图得:

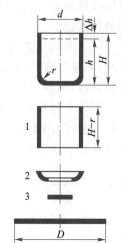

$$\frac{\pi}{4}D^2 = A_1 + A_2 + A_3 = \sum A_i$$

故:

$$D = \sqrt{\frac{\pi}{4}\sum A_i}$$

$$A_1 = \pi d(H-r)$$

$$A_2 = \frac{\pi}{4}\left[2\pi r(d-2r)+8r^2\right]$$

$$A_3 = \frac{\pi}{4}(d-2r)^2$$

把以上各部分的面积相加,整理后可得坯料直径为:

$$D = \sqrt{(d-2r)^2+4d(H-r)+2\pi r(d-2r)+8r^2}$$
$$= \sqrt{d^2+4dH-1.72dr-0.56r^2}$$

图 4-15 圆筒形拉深件坯料尺寸计算图

式中,D——坯料直径;

d、H、r——拉深件直径、高度、圆角半径。

在计算中,拉深件尺寸均按厚度中线计算;但当板料厚度小于1 mm时,也可以按外形或内形尺寸计算。常用旋转体拉深件坯料直径计算公式见表4-3。

表4-3 常用旋转体拉深件坯料直径计算公式

序号	拉深件形状	坯料直径 D
1		$\sqrt{d_1^2+2l(d_1+d_2)}$
2		$\sqrt{d_1^2+2r(\pi d_1+4r)}$

序号	拉深件形状	坯料直径 D
3		$\sqrt{d_1^2+4d_2h+6.28rd_1+8r^2}$ 或 $\sqrt{d_2^2+2d_2H-1.72rd_2-0.56r^2}$
4		当 $r\neq R$ 时, $\sqrt{d_1^2+6.28rd_1+8r^2+4d_2h+6.28Rd_2+4.56R^2+d_4^2-d_3^2}$ 当 $r=R$ 时, $\sqrt{d_4^2+4d_2H-3.44rd_2}$
5		$\sqrt{8rh}$ 或 $\sqrt{S^2+4h^2}$
6		$\sqrt{2d^2}=1.414d$
7		$\sqrt{d_1^2+4h^2+2l(d_1+d_2)}$
8		$\sqrt{8r_1\left[x-b\left(\arcsin\dfrac{x}{r_1}\right)\right]+4d_2+8rh_1}$

序号	拉深件形状	坯料直径 D
9	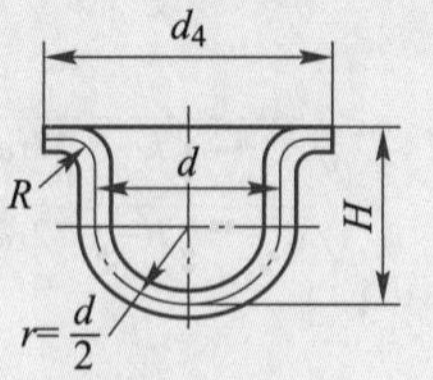	$\sqrt{8r^2+4dH-4dr-1.72dR+0.56R^2+d_1^2-d^2}$
10	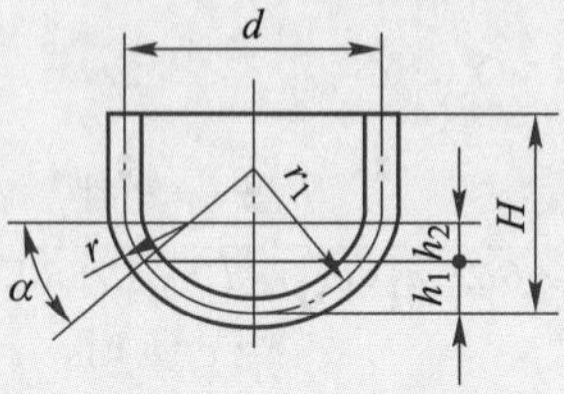	$D=\sqrt{4dh_1(2r_1-d)+(d-2r)(0.069\ 6ra-4h_2)+4dH}$ $\sin\alpha=\dfrac{\sqrt{r_1^2-r(2r_1-d)-0.25d^2}}{r_1-r}$ $h_1=r_1(1-\sin\alpha)$ $h_1=r\sin\alpha$

注:1. 尺寸按工件材料厚度中心层尺寸计算。

2. 对料厚小于 1 mm 的拉深件,可不按工件材料厚度中心层尺寸计算,而根据工件外形尺寸计算。

3. 对于未考虑圆角半径的计算公式,在计算有圆角半径的工件时,计算结果会偏大,此时可不考虑或少考虑修边余量。

任务实施 ▶▶▶

计算图 4-11 所示水杯所需展开料的尺寸。已知:该零件材料为 08 号钢,厚度为 2 mm,采用拉深的方法成形。展开料尺寸计算步骤如下:

1. 确定切边余量 Δh

水杯高度 $h=200$ mm,$h/d=200$ mm/88 mm $=2.27$,查表 4-1,可取 $\Delta h=7$ mm。

2. 计算展开料尺寸 D

按表 4-3 中直壁无凸缘圆筒形件的计算公式计算毛坯直径 D:

$$D=\sqrt{d_2^2+2d_2H-1.72rd_2-0.56r^2}\approx283\text{ mm}$$

结论:通过上述计算,该水杯零件的毛坯展开料尺寸约为 $\phi283$ mm。

任务拓展 ▶▶▶

复杂旋转体拉深件坯料尺寸的确定

该类拉深件的坯料尺寸,可用久里金法则求出其表面积,即任何形状的母线绕轴旋转一周所得到的旋转体面积,等于该母线的长度与其形心绕该轴线旋转所得周长的乘积。如图 4-16 所示,旋转体表面积为 A。

旋转体表面积为:　　　　　　　　　$A=2\pi R_x L$

根据拉深前后面积相等的原则,坯料直径按下式求出:

$$\frac{\pi D^2}{4} = 2\pi R_x L$$

$$D = \sqrt{8 R_x L}$$

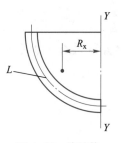

图 4-16　旋转体
表面积计算

式中,A——旋转体面积;

　　R_x——旋转体母线形心到旋转轴线的距离(称旋转半径);

　　　L——旋转体母线长度;

　　　D——坯料直径。

由计算式可知,只要知道旋转体母线长度及其形心的旋转半径,就可以求出坯料的直径。求母线长度及形心位置可用解析法,解析法求旋转体坯料直径步骤:

(1) 沿厚度中线把零件轮廓线(包括切边余量)分成直线和圆弧,并算出各直线和圆弧的长 l_1、$l_2 \cdots l_n$。

(2) 找出每一线段的形心,并算出每一形心到旋转轴的距离 R_{x1}、$R_{x2} \cdots R_{xn}$。直线的形心在其中点上;圆弧的形心不在弧线上,可按表 4-4 中的公式计算。

表 4-4　圆弧长度和形心到旋转轴的距离计算公式

中心角 $\alpha < 90°$ 时的弧长	中心角 $\alpha = 90°$ 时的弧长
$l = \pi R \dfrac{\alpha}{180}$	$l = \dfrac{\pi}{2} R$
中心角 $\alpha < 90°$ 时弧的形心到 YY 轴的距离	中心角 $\alpha = 90°$ 时弧的形心到 YY 轴距离
$R_x = R \dfrac{180 \sin \alpha}{\pi \alpha}$　$R_x = R \dfrac{180(1 - \cos \alpha)}{\pi \alpha}$	$R_x = \dfrac{2}{\pi} R$

(3) 计算各线段长度与其旋转半径的乘积总和:

$$\sum_{i=1}^{n} l_i R_{xi} = l_1 R_{x1} + l_2 R_{x2} + \cdots + l_n R_{xn}$$

(4) 按下式求坯料直径 D:

$$D = \sqrt{8 \sum_{i=1}^{n} l_i R_{xi}}$$

式中字母含义见表4-4中图形标注。

任务3　拉深模的典型结构

任务陈述 >>>

通过本任务的学习,了解各种拉深模具的结构及工作过程,熟悉首次拉深模具、后续各次拉深模具、复合拉深模具结构,建立拉深工艺方案与模具之间的联系。清楚如图4-17所示的几个拉深件,是哪道拉深工序、用什么样的模具制作出来的?在这个任务中将会认识这些典型的拉深模具结构。

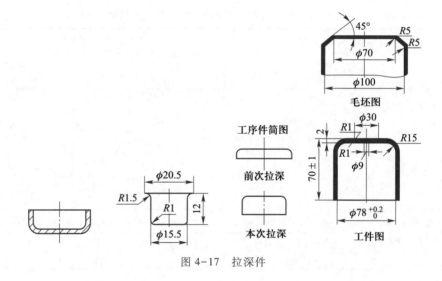

图4-17　拉深件

知识准备 >>>

知识点1　首次拉深模的典型结构

拉深模结构相对较简单。根据拉深模使用的压力机类型不同,拉深模可分为单动压力机用拉深模和双动压力机用拉深模;根据拉深顺序可分为首次拉深模和后续各次拉深模;根据工序组合可分为单工序拉深模、复合工序拉深模和连续工序拉深模;根据压料情况可分为有压料装置拉深模和无压料装置拉深模。

由于拉深件形状、尺寸、精度和生产批量及生产条件不同,拉深模的结构类型也不同。下面对一些比较典型的模具结构进行简单介绍。

1. 无压料装置的首次拉深模

这种模具结构简单,上模往往是整体的,如图 4-18 所示。当拉深凸模 3 直径过小时,则还应加上模座,以增加上模部分与压力机滑块的接触面积,下模部分有定位板 1、下模座 2 与拉深凹模 4。为使工件在拉深后不致于紧贴在凸模上难以取下,在拉深凸模 3 上应有直径在 $\phi 3$ mm 以上的小通气孔。拉深后,冲压件靠凹模下部的脱料颈刮下。这种模具适用于拉深材料厚度较大($t>2$ mm)及深度较小的零件。

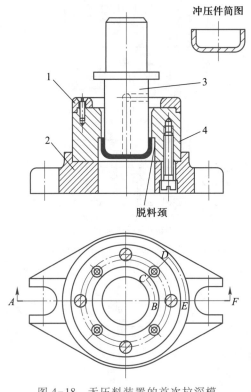

图 4-18　无压料装置的首次拉深模

1—定位板;2—下模座;3—拉深凸模;4—拉深凹模

2. 有压料装置的拉深模

如图 4-2 所示为压料圈装在上模部分的正装拉深模。由于弹性元件装在上模,因此凸模要比较长,适宜于拉深深度不大的工件。

如图 4-19 所示为压料圈装在下模部分的带锥形压料圈的倒装拉深模。由于弹性元件装在下模座下的压力机工作台面的孔中,因此空间较大,允许弹性元件有较大的压缩行程,可以拉深深度较大的拉深件。这副模具采用了锥形压料圈 6。在拉深时,锥形压料圈先将毛坯压成锥形,使毛坯的外径产生一定量的收缩,然后再将其拉成筒形件。采用这种结构,有利于拉深变形,可以降低极限拉深系数。

目前在生产实际中常用的压料装置有两大类:

(1)弹性压料装置　这种装置多用在普通的单动压力机上。通常有如下三种:① 橡皮压料装置(图 4-20(a));② 弹簧压料装置(图 4-20(b));③ 气垫式压料装置(图 4-20(c))。这三种压料装置压料力变化曲线如图 4-21 所示。

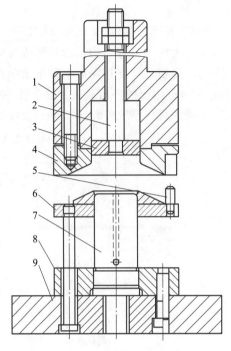

图 4-19 带锥形压料圈的倒装拉深模

1—上模座;2—推杆;3—推件板;4—锥形凹模;5—限位柱;6—锥形压料圈;7—拉深凸模;8—固定板;9—下模座

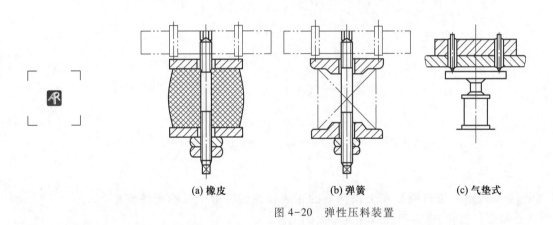

(a) 橡皮　　　　　　　　(b) 弹簧　　　　　　　(c) 气垫式

图 4-20 弹性压料装置

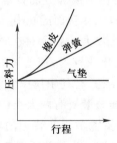

图 4-21 弹性压料装置的压料力变化曲线

170

随着拉深深度的增加，凸缘变形区的材料不断减少，需要的压料力也逐渐减少。而橡皮与弹簧压料装置所产生的压料力恰与此相反，随拉深深度增加而始终增加，尤以橡皮压料装置更为严重。这种情况若使拉深力增加，最终将导致零件拉裂，因此橡皮及弹簧结构通常只适用于浅拉深。气垫式压料装置的压料效果比较好，但其结构、制造、使用与维修都比较复杂。

在普通单动的中、小型压力机上，橡皮、弹簧压料装置使用十分方便，得到广泛使用。需要正确选择弹簧规格及橡皮的牌号与尺寸，尽量减少其不利因素。如弹簧压料装置，应选用总压缩量大、压料力随压缩量缓慢增加的弹簧；而橡皮压料装置应选用较软的橡皮。为使其相对压缩量不致过大，应选取橡皮的总厚度不小于拉深行程的五倍。

对于拉深板料较薄或带有宽凸缘的零件，为了防止压料圈将毛坯压得过紧，可以采用带限位装置的压料圈，如图 4-22 所示，拉深过程中压料圈和凹模之间始终保持一定的距离 s。当拉深钢件时，$s=1.2t$；拉深铝合金件时，$s=1.1t$；拉深带凸缘工件时，$s=t+(0.05\sim0.1)$ mm。

（2）刚性压料装置   这种装置用在双动压力机上，如图 4-23 所示。曲轴 1 旋转时，首先通过凸轮 2 带动外滑块 3 使压料圈 6 将毛坯压在凹模 7 上，随后由内滑

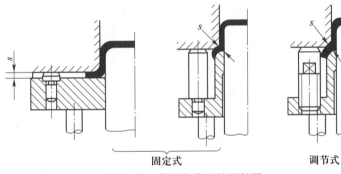

图 4-22   带限位装置的压料圈

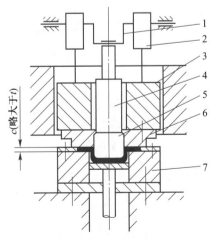

图 4-23   双动压力机用拉深模刚性压料装置

1—曲轴；2—凸轮；3—外滑块；4—内滑块；5—凸模；6—压料圈；7—凹模

块 4 带动凸模 5 对毛坯进行拉深。在拉深过程中,外滑块保持不动。刚性压料圈的压料作用,并不是靠直接调整压料力来保证的。考虑到毛坯凸缘变形区在拉深过程中板厚有增大现象,所以调整模具时,压料圈与凹模间的间隙 c 应略大于板厚 t。用刚性压料,压料力不随行程变化,拉深效果较好,且模具结构简单。如图 4-24 所示即为带刚性压料装置的拉深模。

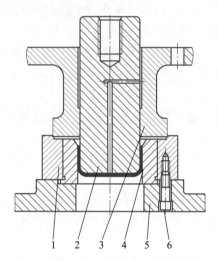

图 4-24　带刚性压料装置的拉深模

1—固定板;2—拉深凸模;3—刚性压料圈;4—拉深凹模;5—下模板;6—螺钉

知识点 2　后续各次拉深模的典型结构

在后续各次拉深中,因毛坯已不是平板形状,而是已经成形的半成品,所以应充分考虑毛坯在模具上的定位。

如图 4-25 所示为无压料装置的后续各次拉深模,仅用于直径变化量不大的拉深。

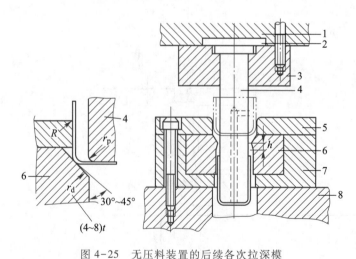

图 4-25　无压料装置的后续各次拉深模

1—上模座;2—垫板;3—凸模固定板;4—凸模;5—定位板;6—凹模;7—凹模固定板;8—下模座

如图 4-26 所示为有压料装置的后续各次拉深摸,这是最常见的结构形式。拉深前,毛坯套在压料圈 4 上,压料圈的形状必须与上一次拉出的半成品相适应。拉深后,压料圈将冲压件从拉深凸模 3 上托出,推件板 1 将冲压件从凹模中推出。

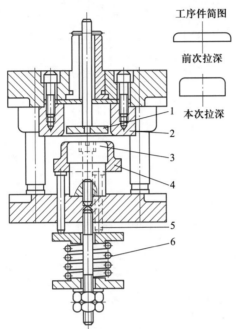

工序件简图

前次拉深

本次拉深

图 4-26　有压料装置的后续各次拉深模
1—推件板;2—拉深凹模;3—拉深凸模;4—压料圈;5—顶杆;6—弹簧

任务拓展 >>>

落料拉深复合模

如图 4-27 所示为正装落料拉深复合模。上模部分装有凸凹模 3(落料凸模、拉深凹模),下模部分装有落料凹模 7 与拉深凸模 8。为保证冲压时先落料再拉深,拉深凸模 8 需要低于落料凹模 7 一个料厚以上。件 2 为弹性压料圈,弹顶器安装在下模座下。

如图 4-28 所示为落料、正、反拉深模。由于需要在一副模具中进行正、反拉深,因此一次能拉出高度较大的工件,提高了生产率。件 1 为凸凹模(落料凸模、第一次拉深凹模),件 2 为反拉深(第二次拉深)凸模,件 3 为拉深凸凹模(第一次拉深凸模、反拉深凹模),件 7 为落料凹模。第一次拉深时,有压料圈 6 的弹性压料作用,反拉深时无压料作用。上模采用刚性推件,下模直接用弹簧顶件,由固定卸料板 4 完成卸料,模具结构十分紧凑。

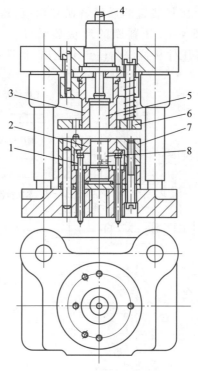

图 4-27　正装落料拉深复合模

1—顶杆；2—压料圈；3—凸凹模；4—推杆；5—推件板；6—卸料板；7—落料凹模；8—拉深凸模

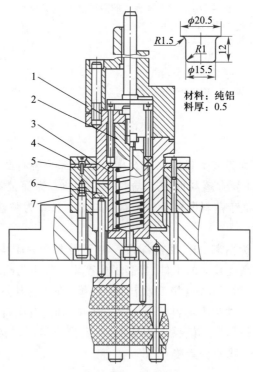

图 4-28　落料、正、反拉深模

1—凸凹模；2—反拉深凸模；3—拉深凸凹模；4—固定卸料板；5—导料板；6—压料圈；7—落料凹模

如图 4-29 所示为再次拉深、冲孔、切边复合模。为了有利于再次拉深变形,减小拉深时的弯曲阻力,拉深前的毛坯底部角已拉出 45° 的斜角。再次拉深模的压料圈与毛坯的内形完全吻合。模具在开启状态时,压料圈 1 与拉深凸模 14 在同一水平位置。冲压前,将毛坯套在压料圈上,随着上模的下行,先进行再次拉深,为了防止压料圈将毛坯压得过紧,该模具采用了带限位螺栓的结构,使压料圈与拉深凹模之间保持一定距离。到行程快结束时,其上部对冲压件底部进行压凹与冲孔,而其下部也同时完成切边。

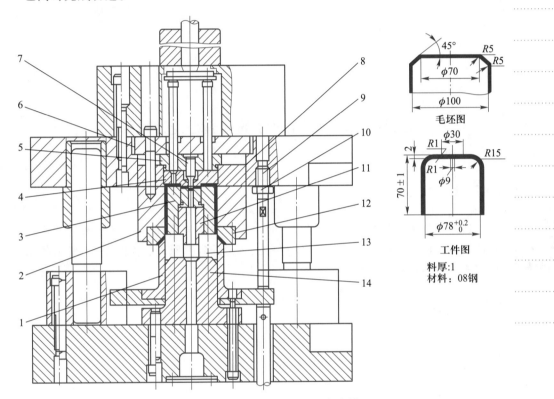

毛坯图

工件图

料厚:1
材料:08钢

图 4-29　再次拉深、冲孔、切边复合模

1—压料圈;2—拉深凹模;3—冲孔凹模;4—推件块;5—冲孔凸模固定板;6—垫板;7—冲孔凸模;8—垫板;
9—纤维螺柱;10—螺母;11—垫块;12—压块;13—切边凸模;14—拉深凸模

筒形件切边的工作原理如图 4-30 所示。在拉深凸模下面固定有带锋利刃口的切边凸模,而拉深凹模则同时起切边凹模的作用。拉深间隙与切边时的冲裁间隙的尺寸关系见图示,图 4-30(a) 为带锥形口的拉深凹模,图 4-30(b) 为带圆角的拉深凹模。由于切边凹模没有锋利的刃口,所以切下的废料带有较大的毛刺,断面质量较差,也将这种切边方法称为挤边。用这种方法对筒形件切边,因其结构简单,使用方便,并可采用复合模的结构与拉深同时进行,所以使用十分广泛。对筒形件进行切边还可以采用垂直于筒形件轴线方向的水平切边,但其模具结构较为复杂。

为了便于制造与修磨,拉深凸模、切边凸模、冲孔凸模和拉深、切边凹模均采用镶拼结构。

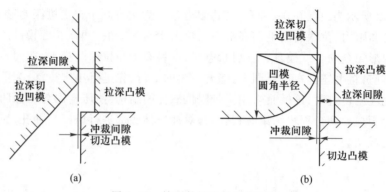

图 4-30 筒形件切边的工作原理

任务4 圆筒形件的拉深工艺计算

微课
无凸缘圆筒
形件的拉深
工艺计算

任务陈述 ▷▷▷

通过本任务的学习,了解拉深成形时拉深系数的含义,掌握拉深次数的计算方法及各次拉深工序件尺寸的确定,掌握各工艺力的计算原理。为图 4-11 所示的水杯完成各工艺过程的计算。

知识准备 ▷▷▷

知识点 1 拉深系数及极限拉深系数

1. 拉深系数的定义

拉深系数用拉深后的直径与拉深前的坯料(工序件)直径之比表示,如图 4-31 所示。

$$第一次拉深系数:m_1 = \frac{d_1}{D}$$

$$第二次拉深系数:m_2 = \frac{d_2}{d_1}$$

$$\vdots \qquad \qquad \vdots$$

$$第\ n\ 次拉深系数:m_n = \frac{d_n}{d_{n-1}}$$

式中, D——坯料直径;

d_1、d_2⋯d_{n-1}、d_n——各次拉深后的直径。

从以上各式可以看出,拉深系数表示了拉深前后坯料直径的变化率,其数值永远小于 1。拉深系数越小,表明拉深变形程度越大;相反,则变形程度越小。

拉深件的总拉深系数 m 等于各次拉深系数的乘积,即:

$$m = \frac{d_n}{D} = \frac{d_1}{D} \cdot \frac{d_2}{d_1} \cdot \frac{d_3}{d_2} \cdots \frac{d_{n-1}}{d_{n-2}} \cdot \frac{d_n}{d_{n-1}} = m_1 m_2 m_3 \cdots m_{n-1} m_n$$

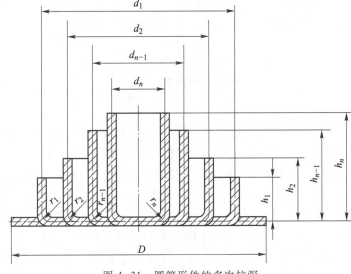

图 4-31　圆筒形件的多次拉深

在制订拉深工艺时,如拉深系数取得过小,就会使拉深件起皱、断裂或严重变薄超差。因此拉深系数减小有一个客观的界限,这个界限称为极限拉深系数。极限拉深系数与材料性能和拉深条件有关,从工艺的角度来看,极限拉深系数越小越有利于减少工序数。

2. **影响极限拉深系数的因素**

(1) 材料的组织与力学性能　一般来说,材料组织均匀、晶粒大小适当、屈强比 $\left(\dfrac{\sigma_s}{\sigma_b}\right)$ 小、塑性好、板平面方向性(Δr 值)小、板厚方向系数(r 值)大、硬化指数(n 值)大的板料,筒壁传力区不容易产生局部严重变薄和拉裂,因而拉深性能好,极限拉深系数较小。

(2) 板料的相对厚度 t/D　当板料相对厚度较小时,抵抗失稳起皱的能力小,容易起皱。为了防皱而增加压料力,又会引起摩擦阻力相对增大。因此板料相对厚度小,极限拉深系数较大;板料相对厚度大,极限拉深系数较小。

(3) 拉深工作条件

1) 模具的几何参数。凸模圆角半径 r_T 太小时,板料绕凸模弯曲的拉应力增大,危险断面的抗拉强度降低,因而会降低极限变形程度。凹模圆角半径 r_A 对筒壁拉应力影响很大,拉深过程中,由于板料绕凹模圆角弯曲和校直,增大了筒壁的拉应力,所以若要减少拉应力,降低拉深系数,则应增大凹模圆角半径。如图 4-32 所示,表示了凸、凹模圆角半径对黄铜极限拉深系数的影响。

但凸、凹模圆角半径也不宜过大,过大的圆角半径,会减少板料与凸模和凹模端面的接触面积及压料圈的压料面积,板料悬空面积增大,容易产生失稳起皱。

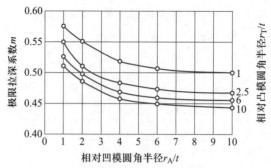

图 4-32 凸、凹模圆角半径对黄铜极限拉深系数的影响

凸、凹模之间间隙也应适当,间隙太小,板料受到太大的挤压作用和摩擦阻力,拉深力增大;间隙太大会影响拉深件的精度,拉深件锥度和回弹较大。

2)摩擦润滑 凹模和压料圈与板料接触的表面应当光滑,润滑条件要好,以减少摩擦阻力和筒壁传力区的拉应力。凸模表面不宜太光滑,也不宜润滑,以减小由于凸模与材料的相对滑动而使危险断面变薄破裂的危险。

3)压料圈的压料力 压料是为了防止坯料起皱,但压料力却增大了筒壁传力区的拉应力,压料力太大,可能导致拉裂。拉深工艺必须正确处理这两者的关系,做到既不起皱又不拉裂。为此,必须正确调整压料力,即应在保证不起皱的前提下,尽量减少压料力,提高工艺的稳定性。

此外,影响极限拉深系数的因素还有拉深方法、拉深次数、拉深速度、拉深件的形状等。采用反拉深、软模拉深等可以降低极限拉深系数;首次拉深的极限拉深系数比后续各次拉深的极限拉深系数小;拉深速度慢,有利于拉深工作的正常进行,盒形件角部拉深系数比相应的圆筒形件的拉深系数小。

3. 极限拉深系数的确定

由于影响极限拉深系数的因素很多,目前仍难采用理论计算方法准确确定极限拉深系数。在实际生产中,极限拉深系数值一般是在一定的拉深条件下用试验方法得出的。圆筒形件在不同条件下各次拉深的极限拉深系数见表 4-5、表 4-6。

表 4-5 圆筒形件的极限拉深系数(带压料圈)

拉深系数	坯料相对厚度 $(t/D) \times 100$					
	2.0~1.5	1.5~1.0	1.0~0.6	0.6~0.3	0.3~0.15	0.15~0.08
m_1	0.48~0.50	0.50~0.53	0.53~0.55	0.55~0.58	0.58~0.60	0.60~0.63
m_2	0.73~0.75	0.75~0.76	0.76~0.78	0.78~0.79	0.79~0.80	0.80~0.82
m_3	0.76~0.78	0.78~0.79	0.79~0.80	0.80~0.81	0.81~0.82	0.82~0.84
m_4	0.78~0.80	0.80~0.81	0.81~0.82	0.82~0.83	0.83~0.85	0.85~0.86
m_5	0.80~0.82	0.82~0.84	0.84~0.85	0.85~0.86	0.86~0.87	0.87~0.88

注:1. 表中拉深数据适用于 08 钢、10 钢和 15Mn 钢等普通拉深碳钢及 H62 黄铜。对拉深性能较差的材料,如 20 钢、25 钢、Q215 钢、Q235 钢、硬铝等应比表中数值大 1.5%~2.0%;而对塑性较好的材料,如 05 钢、08 钢、10 钢及软铝等应比表中数值小 1.5%~2.0%。

2. 表中数据适用于未经中间退火的拉深。若采用中间退火工序,则取值应比表中数值小 2%~3%。

3. 表中较小值适用于大凹模圆角半径 $[r_A = (8\sim15)t]$,较大值适用于小凹模圆角半径 $[r_A = (4\sim8)t]$。

表 4-6 圆筒形件的极限拉深系数（不带压料圈）

拉深系数	坯料的相对厚度$(t/D)\times100$				
	1.5	2.0	2.5	3.0	>3
m_1	0.65	0.60	0.55	0.53	0.50
m_2	0.80	0.75	0.75	0.75	0.70
m_3	0.84	0.80	0.80	0.80	0.75
m_4	0.87	0.84	0.84	0.84	0.78
m_5	0.90	0.87	0.87	0.87	0.82
m_6	—	0.90	0.90	0.90	0.85

注：此表适用于 08 号钢、10 号钢及 15Mn 号钢等材料。其余各项同表 4-5 中注。

在实际生产中，并不是所有情况下都采用极限拉深系数。为了提高工艺稳定性和零件质量，宜采用稍大于极限拉深系数的值。

知识点 2 拉深次数与工序件尺寸的确定

1. 拉深次数的确定

当 $m_总 > m_{min}$ 时，拉深件可一次拉成，否则需要多次拉深。其拉深次数的确定有以下几种方法。

（1）查表法 根据工件的相对高度即高度 H 与直径 d 的比值，从表 4-7 中查得该工件拉深次数。

表 4-7 拉深相对高度 H/d 与拉深次数的关系（无凸缘圆筒形件）

拉深次数	拉深相对高度$(H/d)\times100$					
	2~1.5	>1.5~1.0	>1.0~0.6	>0.6~0.3	>0.3~0.15	>0.15~0.08
1	0.94~0.77	0.84~0.65	0.71~0.57	0.62~0.5	0.52~0.45	0.46~0.38
2	1.88~1.54	1.60~1.32	1.36~1.1	1.13~0.94	0.96~0.83	0.9~0.7
3	3.5~2.7	2.8~2.2	2.3~1.8	1.9~1.5	1.6~1.3	1.3~1.1
4	5.6~4.3	4.3~3.5	3.6~2.9	2.9~2.4	2.4~2.0	2.0~1.5
5	8.9~6.6	6.6~5.1	5.2~4.1	4.1~3.3	3.3~2.7	2.7~2.0

注：1. 大的 H/d 值适用于第一道工序的大凹模圆角〔$r_A=(8\sim15)t$〕。

2. 小的 H/d 值适用于第一道工序的小凹模圆角〔$r_A=(4\sim8)t$〕。

3. 表中数据适用材料为 08F 号钢、10F 号钢。

（2）推算法 根据已知条件，由表 4-5 或表 4-6 查得各次的极限拉深系数，然后依次计算出各次拉深直径，即：

$d_1=m_1D$；$d_2=m_2d_1\cdots d_n=m_nd_{n-1}$；直到 $d_n\leqslant d$。即当计算所得直径 d_n 小于或等于零件直径 d 时，计算的次数即为拉深次数。

（3）计算方法 拉深次数 n 的确定也可采用计算方法进行，其计算公式如下：

$$n = 1 + \frac{\lg d - \lg m_1 D}{\lg m_{均}}$$

式中,d——冲件直径;

D——坯料直径;

m_1——第一次拉深系数;

$m_{均}$——以后各次拉深的平均拉深系数。

上述计算结果上靠取整即得到拉深次数。

2. 各次拉深工序件尺寸的确定

(1)工序件直径的确定 确定拉深次数以后,由表查得各次拉深的极限拉深系数,可适当放大,并加以调整,其原则是:

① 保证 $m_1 m_2 \cdots m_n = \dfrac{d}{D}$;

② 使 $m_1 m_2 \cdots m_n < m$。

最后按调整后的拉深系数计算各次工序件的直径:

$$d_1 = m_1 D$$

$$d_2 = m_2 d_1$$

$$\vdots$$

$$d_n = m_n d_{n-1}$$

(2)工序件圆角半径的确定(见项目4任务5)

(3)工序件高度的计算 根据无凸缘圆筒形件坯料尺寸的计算公式推导出各工序件高度的计算公式:

$$h_1 = 0.25 \left(\frac{D^2}{d_1} - d_1 \right) + 0.43 \frac{r_1}{d_1} (d_1 + 0.32 r_1)$$

$$h_2 = 0.25 \left(\frac{D^2}{d_2} - d_2 \right) + 0.43 \frac{r_2}{d_2} (d_2 + 0.32 r_2)$$

$$\vdots$$

$$h_n = 0.25 \left(\frac{D^2}{d_n} - d_n \right) + 0.43 \frac{r_n}{d_n} (d_n + 0.32 r_n)$$

式中,d_1、$d_2 \cdots d_{n-1}$、d_n——各次拉深工序件直径;

h_1、$h_2 \cdots h_{n-1}$、h_n——各次拉深工序件高度;

r_1、$r_2 \cdots r_{n-1}$、r_n——各次拉深工序件底部圆角半径;

D——坯料直径。

无凸缘圆筒形件拉深工序计算流程如图 4-33 所示。

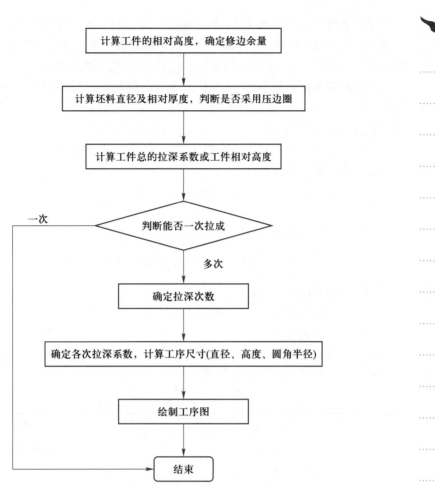

图 4-33　无凸缘圆筒形件拉深工序计算流程

知识点 3　圆筒形件拉深的压料力与拉深力

1. 压料装置与压料力

为了解决拉深过程中的起皱问题,实际生产中的主要方法是在模具结构上采用压料装置,常用的有刚性压料装置和弹性压料装置两种。是否采用压料装置主要看拉深过程中是否可能发生起皱,在实际生产中可按表 4-8 来判断拉深过程中是否起皱及是否采用压料装置。

表 4-8　采用或不采用压料装置的条件

拉深方法	第一次拉深		后续各次拉深	
	$(t/D) \times 100$	m_1	$(t/d_{n-1}) \times 100$	m_1
用压料装置	<1.5	<0.6	<1	<0.8
可用可不用	1.5~2.0	0.6	1~1.5	0.8
不用压料装置	>2.0	>0.6	>1.5	>0.8

压料装置产生的压料力 F_Y 大小应适当，F_Y 太小，则防皱效果不好；F_Y 太大，则会增大传力区危险断面上的拉应力，从而引起材料严重变薄甚至拉裂。因此，实际应用中，在保证变形区不起皱的前提下，应尽量选用小的压料力。

随着拉深系数的减小，所需压料力增大。同时，在拉深过程中，所需压料力也是变化的，一般起皱可能性最大的时刻所需压料力也最大。理想的压料力可随起皱可能性变化而变化，但压料装置很难达到这样的要求。

压料力是设计压料装置的重要依据。压料力一般按下式计算：

任何形状的拉深件： $F = Ap$

圆筒形件首次拉深： $F_Y = \dfrac{\pi}{4}[D^2 - (d_1 + 2r_{A1})^2]p$

圆筒形件后续各次拉深：

$$F_Y = \frac{\pi}{4}[d_{i-1}^2 - (d_i + 2r_{Ai})^2]p \quad (i = 2、3、\cdots、n)$$

式中，A——压料圈下坯料的投影面积；

p——单位面积压料力，可查表 4-9；

D——坯料直径；

$d_1 \cdots d_i$——各次拉深工序件直径；

$r_{A1} \cdots r_{Ai}$——各次拉深凹模圆角半径。

表 4-9 单位面积压料力 p 值

材料名称		p/MPa
纯铝		0.8~1.2
纯铜、硬铝(已退火的)		1.2~1.8
黄铜		1.5~2.0
软钢	$t<0.5 \ \mathrm{mm}$	2.5~3.0
	$t>0.5 \ \mathrm{mm}$	2.0~2.5
镀锡钢板		2.5~3.0
耐热钢(软化状态)		2.8~3.5
高合金钢、高锰钢、不锈钢		3.0~4.5

2. 拉深力与压力机公称压力

(1) 拉深力 在生产中常用以下经验公式进行计算：

采用压料圈拉深时：

首次拉深 $F = \pi d_1 t \sigma_b K_1$

后续各次拉深 $F = \pi d_i t \sigma_b K_2 \quad (i = 2、3 \cdots n)$

不采用压料圈拉深时：

首次拉深 $F = 1.25\pi(D - d_1)t\sigma_b$

后续各次拉深 $F = 1.3\pi(d_{i-1} - d_i)t\sigma_b \quad (i = 2、3 \cdots n)$

式中，F——拉深力；

t——板料厚度；

D——坯料直径；

$d_1 \cdots d_i$——各次拉深工序件直径；

σ_b——拉深件材料的抗拉强度；

K_1、K_2——修正系数，其值见表 4-10。

表 4-10　修正系数 K_1、K_2 值

k_1	0.55	0.57	0.60	0.62	0.65	0.67	0.70	0.72	0.75	0.77	0.80	—	—	—
K_1	1.0	0.93	0.86	0.79	0.72	0.66	0.60	0.55	0.5	0.45	0.40	—	—	—
$m_2, m_3, \cdots, m_n$	—	—	—	—	—	—	0.70	0.72	0.75	0.77	0.80	0.85	0.90	0.95
K_2	—	—	—	—	—	—	1.0	0.95	0.90	0.85	0.80	0.70	0.60	0.50

（2）**压力机公称压力**　单动压力机，其公称压力应大于工艺总压力。工艺总压力为：

$$F_Z = F + F_Y$$

式中，F——拉深力；

F_Y——压料力。

选择压力机公称压力时必须注意，当拉深工作行程较大，尤其落料拉深复合时，应使工艺力曲线位于压力机滑块的许用压力曲线之下，而不能简单地按压力机公称压力大于工艺力的原则去确定压力机规格，否则可能会发生压力机超载而损坏。

在实际生产中可以按下式来确定压力机的公称压力：

浅拉深　　　　　　　　$F_g \geqslant (1.6 \sim 1.8) F_Z$

深拉深　　　　　　　　$F_g \geqslant (1.8 \sim 2.0) F_Z$

式中，F_g——压力机公称压力。

3. 拉深功的计算

拉深功按下式计算：　　　　$$W = \frac{C F_{\max} h}{1\,000}$$

式中，W——拉深功（J）；

$F_{\max}$——最大拉深力（包含压料力）/N；

h——凸模工作行程/mm；

C——系数，与拉深力曲线有关，C 值可取 0.6 ~ 0.8。

压力机的电动机功率可按下式计算：

$$P = \frac{KWn}{60 \times 1\,000 \times \eta_1 \eta_2}$$

式中，P——电动机功率/kW；

K——不均衡系数，$K = 1.2 \sim 1.4$；

η_1——压力机效率，$\eta_1 = 0.6 \sim 0.8$；

η_2——电动机效率，$\eta_2 = 0.9 \sim 0.95$；

n——压力机每分钟行程/m。

若所选压力机的电动机功率小于计算值，则应另选更大的压力机。

任务实施 >>>

如图 4-11 所示水杯毛坯零件为拉深件，材料为 08 号钢，厚度为 2 mm，计算其所需拉深次数。

1. 任务 3 中已经计算出了该水杯毛坯直径 $D \approx 283$ mm。

2. 确定拉深次数

（1）判断能否一次拉出　判断零件能否一次拉出，比较实际所需的总拉深系数 $m_\text{总}$ 和第一次允许的极限拉深系数 m_1 的大小即可。若 $m_\text{总} > m_1$，说明拉深该工件的实际变形程度比第一次允许的极限变形程度要小，工件可以一次拉成。若 $m_\text{总} < m_1$，则需要多次拉深工件才能够成形。

对于图 4-11 所示的水杯零件，毛坯的相对厚度 $t/D \times 100 = 0.7$，从表 4-5 中查出各次的拉深系数：$m_1 = 0.54$，$m_2 = 0.77$，$m_3 = 0.80$，$m_4 = 0.82$。而该零件的总拉深系数 $m_\text{总} = d/D = 88$ mm$/283$ mm$= 0.31$，即：$m_\text{总} < m_1$，故该零件需经多次拉深才能够达到所需尺寸。

（2）计算拉深次数　计算拉深次数 n 的方法有多种，生产上常用推算法加查表法进行计算。

方法一：用毛坯直径或中间工序毛坯尺寸依次乘以查表得到的极限拉深系数 m_1、m_2、$m_3 \cdots m_n$，得各次半成品直径，直到计算出的直径 d_n 小于或等于工件直径为止，下标 n 即表示拉深次数。

$$d_1 = m_1 \times D = 0.54 \times 283 \text{ mm} = 153 \text{ mm}$$

$$d_2 = m_2 \times d_1 = 0.77 \times 153 \text{ mm} = 117.8 \text{ mm}$$

$$d_3 = m_3 \times d_2 = 0.80 \times 117.8 \text{ mm} = 94.2 \text{ mm}$$

$$d_4 = m_4 \times d_3 = 0.82 \times 94.2 \text{ mm} = 77.2 \text{ mm}$$

由此知，计算拉深次数为 4 次。

方法二：用查表得到的极限拉深系数 m_1、m_2、$m_3 \cdots m_n$ 依次相乘，直到乘积小于或等于总拉深系数 $m_\text{总}$ 为止，用到第 n 个的下标 n 即表示拉深次数。

因：$m_\text{总} = 0.31$

$$m_1 \times m_2 = 0.54 \times 0.77 = 0.416$$

$$m_1 \times m_2 \times m_3 = 0.54 \times 0.77 \times 0.80 = 0.333$$

$$m_1 \times m_2 \times m_3 \times m_4 = 0.54 \times 0.77 \times 0.80 \times 0.82 = 0.273 < 0.31$$

故：计算拉深次数为 4 次。

计算结果是否正确可用表 4-7 校核验证一下。零件相对高度 $H/d = 200/88 =$

2.27,相对厚度为0.7,从表4-7可知拉深次数为3,和推算得出的结果相符。

结论:如图4-11所示水杯的拉深次数为4次。

任务拓展 》》》

拉深工艺的辅助工序

拉深坯料或工序件的热处理、酸洗和润滑等辅助工序,是为了保证拉深工艺过程的顺利进行,提高拉深零件的尺寸精度和表面质量,提高模具的使用寿命。拉深过程中必要的辅助工序是拉深乃至其他冲压工艺过程不可缺少的工序。

由于材料与模具接触面上总是有摩擦力存在,冲压过程中产生的摩擦对于板料成形,也有有益的一面。例如圆筒形件在拉深时(如图4-34所示),压料圈和凹模与板料间的摩擦力F_1、凹模圆角与板料的摩擦力F_2、凹模侧壁与板料间的摩擦力F_3等将增大筒壁传力区的拉应力,并且会刮伤模具和零件的表面,因而对拉深成形不利,应尽量减小;而凸模侧壁和圆角与板料之间的摩擦力F_4和F_5会阻止板料在危险断面处变薄,因而对拉深成形是有益的,不应减小。

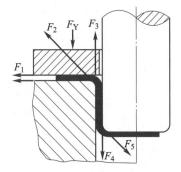

图4-34　圆筒形件的拉深

1. 润滑

在拉深成形中,需要摩擦力小的部位,除模具表面粗糙度值应该尽量减小外,还必须润滑,以降低摩擦系数,减小拉应力,提高极限变形程度;而摩擦力对拉深成形有益的部位,可不润滑。常用拉深低碳钢用润滑剂见表4-11。

表4-11　常用拉深低碳钢用润滑剂

简称号	润滑剂成分	含量(质量%)	附注	简称号	润滑剂成分	含量(质量%)	附注
5号	锭子油	43	用这种润滑剂可收到最好的效果,硫黄应以粉末状加进去	6号	锭子油	40	硫黄应以粉末状加进去
	鱼肝油	8			黄油	40	
	石墨	15			滑石粉	11	
	油酸	8			硫黄	8	
	硫黄	5			酒精	1	
	钾肥皂	6					
	水	15					

简称号	润滑剂成分	含量（质量%）	附注	简称号	润滑剂成分	含量（质量%）	附注
9号	锭子油	20	将硫黄溶于温度约为160℃的锭子油内，其缺点是保存时间太久会分层	2号	锭子油	12	这种润滑剂比以上几种略差
	黄油	40			黄油	25	
	石墨	20			鱼肝油	12	
	硫黄	7			白垩粉	20.5	
	酒精	1			油酸	5.5	
	水	12			水	25	
10号	锭子油	33	润滑剂很容易去掉，用于单位压料力大的拉深	8号	钾肥皂	20	将肥皂溶在温度为60℃~70℃水里。用于球形及抛物线形工件的拉深
	硫化蓖麻油	1.5			水	80	
	鱼肝油	1.2			乳化液	37	可溶解的润滑剂。加3%的硫化蓖麻油后，可改善其效用
	石垩粉	45			白垩粉	45	
	油酸	5.6			焙烧苏打	1.3	
	苛性钠	0.7			水	16.7	
	水	13					

2. 热处理

不需要热处理能完成的拉深次数见表 4-12，该拉深次数不是绝对的，如果在工艺和模具方面采取有效措施，可以减少甚至不需要中间热处理工序。例如增大各次拉深系数而增加拉深次数，让危险断面沿侧壁逐次上移，可以使拉裂的矛盾得到缓和，就有可能在较大总变形程度情况下不进行中间热处理。

表 4-12 不需要热处理能完成的拉深次数

材料	次数	材料	次数	材料	次数
08号钢、10号钢、15号钢	3~4	黄铜 H68	2~4	镁合金	1
铝	4~5	不锈钢	1~2	钛合金	1

为消除加工硬化而进行热处理的方法，一般金属材料采用退火，奥氏体不锈钢、耐热钢则采用淬火。

若需要中间热处理或最后消除应力的热处理，应尽量及时进行，以免长期存放造成冲件变形或开裂，尤其是不锈钢、耐热钢、黄铜更要注意这一点。

3. 酸洗

酸洗是为了去除热处理工序件的表面氧化皮及其他污物。酸洗的方法一般是将工序件置于加热的稀酸液中浸蚀,接着在冷水中漂洗,然后在弱碱溶液中将残留于工序件上的酸中和,最后在热水中洗涤并经烘干即可。关于酸洗溶液的配方和工艺可查阅相关设计手册。

退火、酸洗是延长生产周期、增加生产成本、产生环境污染的工序,应尽可能加以避免。

任务 5　拉深模工作零件的设计

任务陈述 >>>

通过本任务的学习,进一步了解拉深成形时各参数的含义,掌握拉深参数的计算方法及各工序中工作零件尺寸的确定,掌握确定的方法原理。为如图 4-35 所示的小水杯完成各工作零件尺寸的确定。

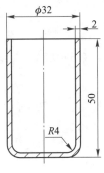

图 4-35　小水杯

知识准备 >>>

知识点 1　凸、凹模圆角半径

拉深模工作部分的尺寸指凹模圆角半径 r_A,凸模圆角半径 r_T,凸、凹模的间隙 c,凸模直径 D_T,凹模直径 D_A 等,如图 4-36 所示。

1. 凹模圆角半径 r_A

(1) 对拉深力大小的影响　凹模圆角半径 r_A 小时,材料流过凹模时产生较大的弯曲变形,需承受较大的弯曲变形阻力,此时凹模圆角对板料施加的压力增大,导致摩擦力增加。

(2) 对拉深件质量的影响　当 r_A 过小时,坯料在滑过凹模圆角时容易被刮伤,结果使工件的表面质量受损。而当 r_A 太大时,拉深初期毛坯与模具表面接触的宽度未增加,这部分材料不受压料力的作用,因而容易起皱。

（3）对拉深模寿命的影响 当 r_A 小时，材料对凹模的压力增加，摩擦力增大，磨损加剧，使模具的寿命降低。所以 r_A 的值既不能太大也不能太小。

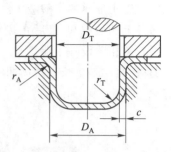

图 4-36　拉深模工作部分的尺寸

通常可按经验公式计算首次拉深凹模圆角半径：

$$r_{A1} = 0.8\sqrt{(D-d)t}$$

或查表 4-13 选取。

表 4-13　首次拉深凹模圆角半径 r_A　　　　　　　　　　mm

拉深零件	板料厚度 t				
	$\geqslant 2.0 \sim 1.5$	$< 1.5 \sim 1.0$	$< 1.0 \sim 0.6$	$< 0.6 \sim 0.3$	$< 0.3 \sim 0.1$
无凸缘	$(4 \sim 7)t$	$(5 \sim 8)t$	$(6 \sim 9)t$	$(7 \sim 10)t$	$(8 \sim 13)t$
有凸缘	$(6 \sim 10)t$	$(8 \sim 13)t$	$(10 \sim 16)t$	$(12 \sim 18)t$	$(15 \sim 22)t$

注：当材料拉深性能好，且有良好润滑时，可适当减小。

后续各次拉深凹模圆角半径：

$$r_{An} = (0.6 \sim 0.8)r_{dn-1} \geqslant 2t$$

2. 凸模圆角半径 r_T

凸模圆角半径对拉深工序的影响没有凹模圆角半径大，但其值也必须合适。

首次拉深凸模圆角半径按下式确定：

$$r_{T1} = (0.7 \sim 1.0)r_{A1}$$

除最后一次外，中间各次拉深凸模圆角半径为：

$$r_{Tn-1} = (d_{n-1} - d_n - 2t)/2$$

最后一次拉伸中，凸模圆角半径与工件圆角半径相等。

但，当 $t < 6$ 时，其数值不得小于 $(2 \sim 3)t$；当 $t > 6$ 时，其数值不得小于 $(1.5 \sim 2)t$。

知识点 2　凸、凹模的间隙

拉深模间隙是指单面间隙。间隙的大小对拉深力、拉深件的质量、拉深模的寿命都有影响。

确定时要考虑压料状况、拉深次数和工件精度等。其原则是：既要考虑板料本身的公差，又要考虑板料的增厚现象，间隙一般都比毛坯厚度略大一些。采用压料拉深时其值可按下式计算：

$$c = t_{max} + \mu t$$

也可直接查表 4-14 进行取值。

表 4-14　有压料圈拉深时单边间隙值　　　　　　　　　　mm

完成拉深工艺的总次数											
1	2		3			4			5		
拉深顺序											
1	1	2	1	2	3	1、2	3	4	1、2、3	4	5
凸模与凹模的单边间隙 c											
$(1\sim1.1)t$	$1.1t$	$(1\sim1.05)t$	$1.2t$	$1.1t$	$(1\sim1.05)t$	$1.2t$	$1.1t$	$(1\sim1.05)t$	$1.2t$	$1.1t$	$(1\sim1.05)t$

注：1. t 取材料偏差的中间值；

　　2. 当拉深精密工件时，对最末一次拉深间隙取 $c=t$。

不用压料圈拉深时，考虑到起皱的可能性，取间隙值为：

$$c=(1\sim1.1)t_{max}$$

对于精度要求高的零件，为了拉深后的回弹小，表面光洁，常采用负间隙拉深模。取间隙值为：

$$c=(0.9\sim0.95)t$$

圆角部分的间隙应比直边部分大 $0.1t$。

拉深模凸、凹模间隙取向按下述原则决定：

（1）除最后一次拉深外，其余各工序的拉深间隙不做规定。

（2）最后一道拉深，当零件标注外形尺寸时，先设计凹模，间隙取在凸模上；当零件标注内形尺寸时，先设计凸模，间隙取在凹模上。

知识点 3　凸、凹模的工作尺寸及公差

对于最后一道工序的拉深模，其凸、凹模工作部分尺寸及公差应按零件的要求来确定。

当零件尺寸标注在外形上时（如图 4-37（a）所示），以凹模为基准，先确定凹模尺寸，因凹模尺寸在拉深中随磨损的增加而逐渐变大，故凹模尺寸开始时应取小些。其值为：

$$D_A=(D_{max}-0.75\Delta)_0^{+\delta_A}$$

凸模尺寸为：

$$D_T=(D_{max}-0.75\Delta-2c)_{-\delta_T}^0$$

当零件尺寸标注在内形时（如图 4-37（b）所示），以凸模为基准，先定凸模尺寸。考虑到凸模基本不磨损，以及工件的回弹情况，凸模的开始尺寸不要取得过大。其值为：

$$D_T=(d_{min}+0.4\Delta)_{-\delta_T}^0$$

凹模尺寸为：

$$D_A=(d+0.4\Delta+2c)^{+\delta_A}$$

式中，D_A、D_T——凹、凸模的尺寸；

　　　D_{max}、d_{min}——拉深件外径的最大极限尺寸和内径的最小极限尺寸；

δ_A、δ_T——凹、凸模的制造公差,根据工件的公差来选定。工件公差为 IT13 级以上时,按 IT6~8 级选取;工件公差为 IT13 级以下时,按 IT10 级选取。

$2c$——拉深模双面间隙;

Δ——零件的公差。

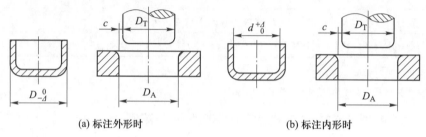

(a) 标注外形时   (b) 标注内形时

图 4-37 拉深零件尺寸与模具尺寸

知识点4 凸、凹模的结构形式

拉深凸模与凹模的结构形式取决于工件的形状、尺寸以及拉深方法、拉深次数等工艺要求,不同的结构形式对拉深的变形情况、变形程度的大小及产品的质量均有不同的影响。

当毛坯的相对厚度较大,不易起皱,不需用压料圈压料时,应采用锥形凹模,如图 4-38 所示。

当毛坯的相对厚度较小,必须采用压料圈进行多次拉深时,应该采用如图 4-39 所示的模具结构。图 4-39(a)中凸、凹模具有圆角结构,用于拉深直径 $d<100$ 的拉深件。图 4-39(b)中凸、凹模具有斜角结构,用于拉深直径 $d \geqslant 100$ 的拉深件。

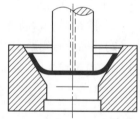

图 4-38 锥形凹模

任务实施 ▶▶▶

如图 4-35 所示小水杯毛坯零件为拉深件,材料为 08 号钢,厚度为 2,设计其成形工作零件的尺寸。

1. 计算出小水杯毛坯直径

水杯高度 $h=50$,$h/d=50/30=1.67$,查表 4-1,可取 $\Delta h=4$;

$$D=\sqrt{d_2^2+2d_2H-1.72rd_2-0.56r^2} \approx 60 \text{ mm}$$

2. 确定拉深次数,判断能否一次拉出

由毛坯的相对厚度 $t/D \times 100=2/60 \times 100=3.33$,从表 4-5 中可知:$m_1 \leqslant 0.48$,而该零件的总拉深系数 $m_总=d/D=30/60=0.5$,即:$m_总>m_1$,故该零件一次拉深即可。

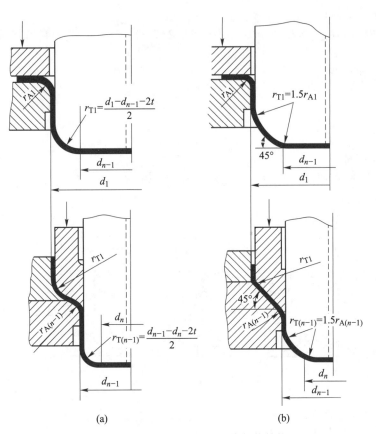

(a)　　　　　　　　　　　　　　(b)

图 4-39　拉深凸模和凹模工作部分结构

3. 成形工作零件的尺寸设计

（1）凹模圆角半径 r_A　该零件一次拉深成形，首次也是末次，凹模圆角半径按下式计算：

$$r_{A1} = 0.8\sqrt{(D-d)t} \approx 6.2 \text{ mm}$$

由表 4-13 可知，当 $t \geq 2$ 时，首次拉深凹模圆角半径应为 $(4\sim7)t$，故可取：

$$r_A = 8 \text{ mm}$$

（2）凸模圆角半径 r_T　该零件一次拉深成形，故凸模圆角半径与工件圆角半径相等，即：

$$r_T = 4 \text{ mm}$$

（3）凸模和凹模的间隙 c　由表 4-14 可知：一次拉深成形时，$c = (1\sim1.1)t$，即：$c = 2\sim2.2$，取：

$$c = 2.1$$

（4）凸模和凹模的工作尺寸及公差　该小水杯零件尺寸标注在外形，因此应以凹模为基准，先确定凹模尺寸，同时未注公差可按 IT14 取值，外径 $\phi32$ 的公差 $\Delta = 0.62$ mm；同时，工件公差为 IT13 级以下时，按 IT10 级选取其制造公差，故：

凹模尺寸为：

$$D_A = (D_{\max} - 0.75\Delta)_0^{+\delta_d} = (32 - 0.75 \times 0.62)_0^{+0.10} \text{ mm} = 31.54_0^{+0.10} \text{ mm}$$

凸模尺寸为：

$$D_T = (D_{max} - 0.75\Delta - 2c)_{-\delta p}^{0} = (31.54 - 2 \times 2.1)_{-0.084}^{0} \text{ mm} = 27.34_{-0.084}^{0} \text{ mm}$$

任务拓展 >>>

其他拉深法

1. 软模拉深

（1）软凸模拉深　用液体（或黏性介质）代替凸模进行拉深，其变形过程如图 4-40 所示。

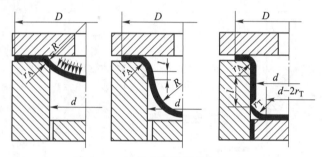

图 4-40　液体凸模拉深的变形过程

（2）软凹模拉深

① 液压凹模拉深（如图 4-41 所示）。

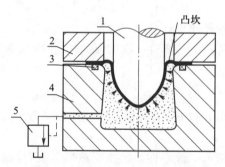

图 4-41　液压凹模拉深工作原理

1—凸模；2—压料圈；3—密封圈；4—凹模；5—溢流阀图

② 聚氨酯橡胶凹模拉深　如图 4-42 所示为聚氨酯橡胶拉深模，可分为带压料圈和不带压料圈拉深模。

2. 变薄拉深

变薄拉深的变形特点：变薄拉深凸、凹模的间隙小于毛坯材料厚度，其变形过程如图 4-43 所示。材料受切向和径向压应力 σ_2 及 σ_3，轴向受拉应力 σ_1 共同作用，产生的应变是平面应变。从图中看出，变薄拉深过程的重要问题是传力区材料的强度和变形抗力之间的矛盾。

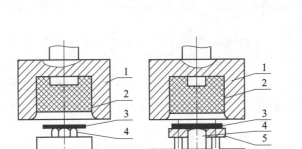

(a) 不带压料圈的拉深模   (b) 带压料圈的拉深模

图 4-42 聚氨酯橡胶拉深模

1—容框;2—聚氨酯橡胶;3—毛坯;4—凸模;5—压料圈

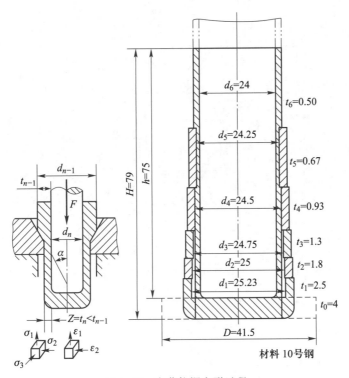

图 4-43 变薄拉深变形过程

思考与练习

1. 拉深过程中材料的应力与应变状态是怎样的?

2. 拉深工艺中,会出现哪些失效形式? 说明产生的原因和防止措施。

3. 圆筒形零件拉深时,危险断面在哪里? 什么情况下会产生拉裂? 什么情况下会产生起皱?

4. 影响极限拉深系数的因素有哪些? 拉深系数对拉深工艺有何意义?

5. 拉深模压料圈的结构形式有哪些? 适用于什么情况?

6. 拉深凹模工作部分设计时应注意哪些问题？拉深凸模上为什么设计通气孔？

7. 计算如题图 4-7 所示各拉深件的拉深次数及各工序尺寸。题图 4-7(a) 零件材料为不锈钢，题图 4-7(b) 零件材料为 10 号钢，题图 4-7(c) 零件材料为 H62。

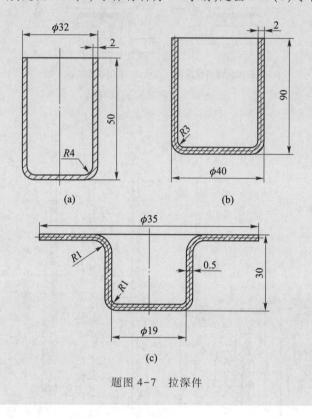

题图 4-7 拉深件

项目五

其他成形工艺与模具设计

在冲压生产中,除冲裁、弯曲和拉深工序外,还有一些是通过板料的局部变形来改变毛坯的形状和尺寸的冲压成形工序,如胀形、翻边、缩口、旋压和校形等,这类冲压工序统称为其他冲压成形工序。应用这些工序可以加工许多复杂零件,如图5-1所示的自行车多通接头,就是通过切管、胀形、制孔、圆孔翻边等工序加工的。

这些成形工序的共同特点是通过材料的局部变形来改变坯料或工序件的形状,但变形特点差异较大。胀形和圆内孔翻孔属于伸长类成形,成形极限主要受变形区拉应力过大会破裂的限制;缩口和外缘翻凸边属于压缩类成形,成形极限主要受变形区压应力过大会失稳起皱的限制;校形时,由于变形量一般不大,不易产生开裂或起皱,但需解决弹性恢复影响校形精确度等问题;至于旋压这种特殊的成形方法,可能起皱,也可能破裂。所以在制订成形工艺和设计模具时,一定要根据不同的成形特点,合理设计。

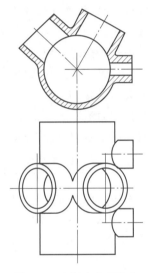

图5-1 自行车多通接头

课件
其他成形
工艺与模
具设计

任务1 胀 形

任务陈述 》》》

通过本任务的学习,了解胀形的概念,清楚胀形的特点和方法,掌握平板胀形和空心胀形的特点及应用,能分辨出哪些情况下零件可进行胀形冲压。

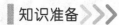

知识准备 >>>

知识点1　胀形的特点

如图5-2所示是胀形时坯料的变形情况,图中涂黑部分表示坯料的变形区。当坯料外径与成形直径的比值 $D/d>3$ 时,d 与 D 之间环形部分金属发生切向收缩时,所必需的径向拉应力很大,属于变形的强区,以至于环形部分金属根本不可能向凹模内流动。其成形完全依赖于直径为 d 的圆周以内金属厚度的变薄以实现表面积的增大。很显然,胀形变形区内的金属处于切向和径向受拉的应力状态,其成形极限将受到拉裂的限制。材料的塑性愈好,硬化指数 n 值愈大,可能达到的极限变形程度就愈大。

由于胀形时坯料处于双向受拉的应力状态,变形区的材料不会产生失稳起皱现象,因此成形后零件的表面光滑,质量好。同时,由于变形区材料截面上拉应力沿厚度方向的分布比较均匀,所以卸载时的弹性恢复很小,容易得到尺寸精度较高的零件。

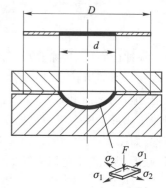

图5-2　胀形时坯料的变形情况

知识点2　平板坯料的起伏成形

起伏成形俗称局部胀形,可以压制加强筋、凸包、凹坑、花纹图案及标记等,如图5-3所示。经过起伏成形后的冲压件,由于零件惯性矩的改变和材料的加工硬化,能够有效提高零件的刚度和强度。

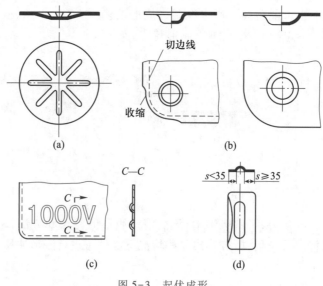

图5-3　起伏成形

加强筋的形式和尺寸可参考表 5-1。坯料边缘的局部胀形,如图 5-3(b)、(d) 所示,由于边缘材料要收缩,因此应预先留出切边余量,成形后再切除。

表 5-1　加强筋的形式和尺寸

名称	简图	R	h	D 或 B	r	α
压筋		$(3\sim4)t$	$(2\sim3)t$	$(7\sim10)t$	$(1\sim2)t$	—
压凸		—	$(1.5\sim2)t$	$\geqslant 3h$	$(0.5\sim1.5)t$	$15°\sim30°$

该成形方法的极限变形程度通常有两种确定方法,即试验法和计算法。起伏成形的极限变形程度,主要受到材料的性能、零件的几何形状、模具结构、胀形的方法以及润滑等因素的影响。特别是复杂形状的零件,应力应变的分布比较复杂,其危险部位和极限变形程度一般通过试验的方法确定。对于比较简单的起伏成形零件,则可以按下式近似地确定其极限变形程度:

$$\frac{l-l_0}{l_0} < (0.7\sim0.75)[\delta]$$

式中,l、l_0——起伏成形前后材料的长度,如图 5-4 所示;

　　$[\delta]$——材料的延伸率。

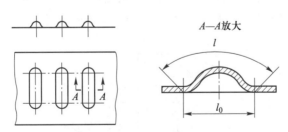

图 5-4　起伏成形前后材料的长度

系数 0.7~0.75 视加强筋的形状而定,球形筋取大值,梯形筋取小值。

如果零件要求的加强筋超过极限变形程度时,可以采用如图 5-5 所示的方法,第一道工序用大直径的球形凸模胀形,达到在较大范围内聚料和均匀变形的目的,用第二道工序成形得到零件所要求的尺寸。

压制加强筋所需的冲压力,可用下式近似计算:

$$F = KLt\sigma_{\mathrm{b}}$$

式中，K——系数，一般 $K=0.7\sim1$，筋窄而深时取大值，筋宽而浅时取小值；

　　　L——加强筋周长；

　　　t——材料厚度；

　　　σ_{b}——材料抗拉强度。

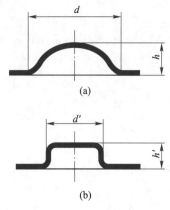

图 5-5　深度较大的局部胀形法

任务拓展 ▶▶▶

空心坯料的胀形俗称凸肚，原理是使材料沿径向拉伸，将空心工序件或管状坯料向外扩张，胀出所需的凸起曲面，如壶嘴、皮带轮、波纹管等。

1. 胀形方法

胀形方法一般分为刚性模具胀形和软模胀形两种。

如图 5-6 所示为刚性模具胀形，利用锥形芯块将分瓣凸模顶开，使工序件胀出所需的形状。分瓣凸模的数目越多，工件的精度越好。这种胀形方法的缺点是很难得到精度较高的旋转体，变形的均匀程度差，模具结构复杂。

微课
胀形模设计
示例

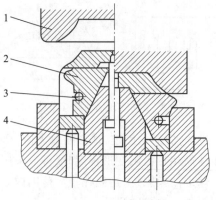

图 5-6　刚性模具胀形

1—凹模；2—分瓣凸模；3—拉簧；4—锥形芯块

如图 5-7 所示是软模胀形,其原理是利用橡胶(或聚氨酯)、液体、气体或钢丸等代替刚性凸模。软模胀形时材料的变形比较均匀,容易保证零件的精度,便于成形复杂的空心零件,所以在生产中使用广泛。如图 5-7(a)所示是橡皮胀形,如图 5-7(b)所示是液压胀形的一种,胀形前要先在预先拉深成的工序件内灌注液体,上模下行时侧楔使分块凹模合拢,然后在凸模的压力下将工序件胀形成所需的零件。由于工序件经过多次拉深工序,伴随有冷作硬化现象,故在胀形前应该进行退火,以恢复金属的塑性。

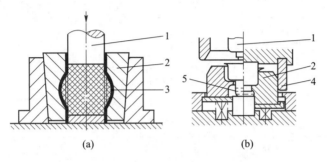

(a)　　　　　　　(b)

图 5-7　软模胀形
1—凸模;2—分块凹模;3—橡胶;4—侧楔;5—液体

采用轴向压缩和高压液体联合作用的胀形方法,如图 5-8 所示。首先将管坯置于下模,然后将上模压下,再使两端的轴头压紧管坯端部,继而由轴头中心孔通入高压液体,在高压液体和轴向压缩力的共同作用下胀形,获得所需的零件。用这种方法加工高压管接头、自行车的管接头和其他零件效果很好。

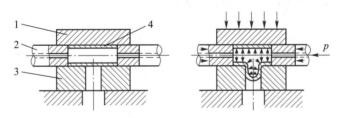

图 5-8　加轴向压缩的液体胀形
1—上模;2—轴头;3—下模;4—管坯

2. 胀形的变形程度

空心坯料胀形的变形主要依靠材料的切向拉伸,故胀形的变形程度常用胀形系数 K 来表示:

$$K = \frac{d_{\max}}{D}$$

式中,$d_{\max}$——胀形后零件的最大直径;

D——坯料原始直径。

胀形系数 K 和材料伸长率 δ 的关系为:

$$\delta = \frac{d_{\max} - D}{D} = K - 1$$

或 $$K = 1+\delta$$

由于坯料的变形程度受到材料的伸长率限制,所以只要知道材料的伸长率便可以按上式求出相应的极限胀形系数。表 5-2 和表 5-3 是一些材料的胀形系数,可供参考。

表 5-2 胀形系数 K 的近似数值

材料	坯料相对厚度 $(t/D) \times 100$			
	0.45~0.35		0.32~0.28	
	未退火	退火	未退火	退火
10 号钢	1.10	1.2	1.05	1.15
铝	1.2	1.25	1.15	1.2

表 5-3 铝管坯料的试验极限胀形系数

胀形方法	极限胀形系数
用橡皮的简单胀形	1.2~1.25
用橡皮并对毛坯轴向加压的胀形	1.6~1.7
局部加热至 200 ℃~250 ℃ 时的胀形	2.0~2.1
加热至 380 ℃ 用锥形凸模的端部胀形	~3.0

3. 胀形的坯料尺寸计算(如图 5-9 所示)

坯料直径: $$D = \frac{d_{max}}{K}$$

坯料长度: $$L = l[1+(0.3~0.4)\delta] + b$$

式中,l——变形区母线长度;

δ——坯料切向拉伸的伸长率;

b——切变余量,一般取 $b = 10~20$。

系数 $(0.3~0.4)$ 为切向伸长而引起的高度减小所需的系数。

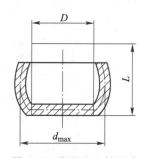

图 5-9 胀形的坯料尺寸

4. 胀形力的计算

胀形时,所需的胀形力 F 可按下式计算:

$$F = pA$$

式中,p——胀形单位面积压力;

可按下式计算:

$$p = 1.15\sigma_{zx}\frac{2t}{d_{max}}$$

式中,σ_{zx}——胀形变形区实际应力,一般取 $\sigma_{zx} \approx \sigma_b$;

A——胀形面积。

任务2 翻 边

任务陈述 》》》

翻边是在模具的作用下,将坯料的孔边缘或外边缘冲制成竖立边的成形方法。

通过本任务的学习,了解翻边的概念,清楚内孔翻边与外缘翻边的特点和方法,掌握伸长类翻边和压缩类翻边的特点及应用,通过实例了解翻边模的典型特点及结构。

知识准备 》》》

知识点1 内孔翻边

根据坯料的边缘状态和应力、应变状态的不同,翻边可以分为内孔翻边和外缘翻边,也可分为伸长类翻边和压缩类翻边。

1. 圆孔翻边

(1)圆孔翻边的变形特点与变形程度　将画有距离相等的坐标网格(如图5-10(a)所示)的坯料放入翻边模内进行翻边(如图5-10(b)所示),翻边后从冲件坐标网格的变化可以看出:坐标网格由扇形变为矩形,说明金属沿切向伸长,愈靠近孔口伸长愈大。同心圆之间的距离变化不明显,即金属的径向变形很小。竖边的厚度有所减薄,尤其在孔口处减薄较为显著。由此不难分析,翻边时坯料的变形区是 d 和 D_1 之间的环行部分。变形区受两向拉应力的作用,如图5-10(c)所示,其中切向拉应力 σ_1 是最大主应力。在坯料孔口处,切向拉应力达到最大值。因此,圆孔翻边的成形难点在于孔口边缘易被拉裂。破裂的条件取决于变形程度的大小。变形程度以翻边前孔径 d 与翻边后孔径 D 的比值 K 来表示,即:

$$K = \frac{d}{D}$$

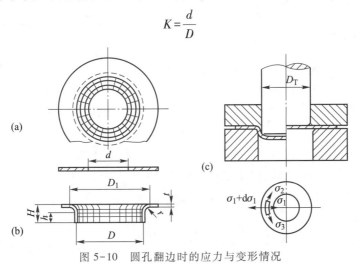

图5-10　圆孔翻边时的应力与变形情况

K 称为翻边系数,K 值愈小,则变形程度愈大。翻边时孔边不破裂所能达到的最小 K 值,称为极限翻边系数。低碳钢圆孔翻边的极限翻边系数 K_{min} 见表 5-4。对于其他材料,按其塑性情况,可参考表中数值适当增减。从表中的数值可以看出,影响极限翻边系数的因素很多,除材料塑性外,还有翻边凸模的形式、孔的加工方法及预制的孔径与板料厚度的比值(体现工序件相对厚度的影响)。

表 5-4　低碳钢圆孔翻边的极限翻边系数 K_{min}

凸模形式	孔的加工方法	比值 d/t										
		100	50	35	20	15	10	8	6.5	5	3	1
球形	钻孔去毛刺冲孔	0.70	0.60	0.52	0.45	0.40	0.36	0.33	0.31	0.30	0.25	0.20
		0.75	0.65	0.57	0.52	0.48	0.45	0.44	0.43	0.42	0.42	—
圆柱形平底	钻孔去毛刺冲孔	0.80	0.70	0.60	0.50	0.45	0.42	0.40	0.37	0.35	0.30	0.25
		0.85	0.75	0.65	0.60	0.55	0.52	0.50	0.50	0.48	0.47	

翻边后竖边边缘的厚度,可按下式估算:

$$t' = t\sqrt{\frac{d}{D}} = t\sqrt{K}$$

式中,t'——翻边后竖边边缘的厚度;

　　　t——坯料的原始厚度;

　　　K——翻边系数。

(2)翻边的工艺计算

① 平板坯料翻边的工艺计算　在进行翻边之前,需要在坯料上加工出待翻边的孔,其孔径 d 按弯曲展开的原则求出,即:

$$d = D - 2(H - 0.43r - 0.72t)$$

式中字母含义如图 5-11 所示。

竖边高度为:　$H = \dfrac{D-d}{2} + 0.43r + 0.72t$

或　　$H = \dfrac{D}{2}(1-K) + 0.43r + 0.72t$

如以极限翻边系数 K_{min} 代入,即可求出一次翻边可达到的极限翻边高度为:

$$H_{max} = \frac{D}{2}(1-K_{min}) + 0.43r + 0.72t$$

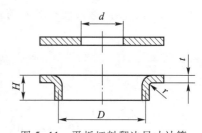

图 5-11　平板坯料翻边尺寸计算

当零件要求的高度 $H > H_{max}$ 时,无法通过一次翻边达到制件高度,这时可以采用加热翻边、多次翻边或先拉深后冲底孔再翻边的方法。

采用多次翻边时,应在两次工序间进行退火。第一次后的极限翻遍系数 K'_{min} 计算方法为:

$$K'_{min} = (1.15 \sim 1.20)K_{min}$$

② 先拉深后冲底孔再翻边的工艺计算　采用多次翻边所得制件竖边壁部有较严重的变薄,对壁部变薄有要求时,可采用预先拉深,在底部冲孔然后再翻边的方法。这种情况下,应先决定预拉深后翻边所能达到的最大高度,然后根据翻边高度及零件高度来确定拉深高度及预冲孔直径。

先拉深后翻边的高度(如图 5-12 可知)按板厚中线计算方法为:

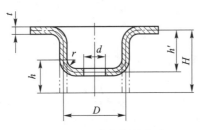

图 5-12　预先拉深的翻边

$$h = \frac{D-d}{2} + 0.57r = \frac{D}{2}(1-K) + 0.57r$$

将极限翻孔系数 K_{min} 代入上式,求得翻边的极限高度 h_{max} 为:

$$h_{max} = \frac{D}{2}(1-K_{min}) + 0.57r$$

此时,预制孔直径 d 为:

$$d = K_{min}D$$

或

$$d = D + 1.14r - 2h_{max}$$

拉深高度 h' 为:　　　　　$$h' = H - h_{max} + r$$

(3) 翻边力的计算　翻边力 F 一般不大,用圆柱形平底凸模进行翻边时,可按下式计算:

$$F = 1.1\pi(D-d)t\sigma_s$$

式中,D——翻边后的直径(按中线计算);

d——坯料预制孔直径;

t——材料厚度;

σ_s——材料屈服点。

用锥形或球形凸模翻边的力略小于上式计算值。

(4) 翻边模工作部分的设计　翻边凹模圆角半径一般对翻边成形影响不大,取值可等于零件的圆角半径。

翻边凸模圆角半径应尽量取大些,以便于翻边变形。如图 5-13 所示是圆孔翻边凸模的形状和主要尺寸:图 5-13(a)~(c)为较大孔的翻边凸模,从利于翻边变形的角度比较,抛物线形凸模(图 5-13(c))最好,球形凸模(图 5-13(b))次之,平底凸模最差;而从凸模的加工难度比较则相反。图 5-13(d)~(e)的凸模端部带有较长的引导部分,图 5-13(d)用于圆孔直径为 10 mm 以上的翻边,图 5-13(e)用于圆孔直径为 10 mm 以下的翻边;图 5-13(f)用于无预孔的不精确翻边。当翻边模采用压料圈时,不需要凸模肩部。

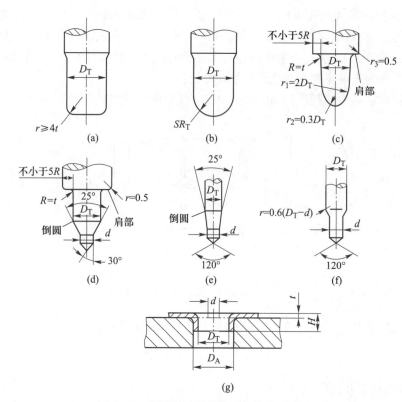

图 5-13 圆孔翻边凸模的形状和主要尺寸

由于翻边后材料要变薄,为保证竖边的尺寸和精度,凸、凹模间隙可小于材料原始厚度 t,一般可取单边间隙 c 为:

$$c = (0.75 \sim 0.85)t$$

式中系数 0.75 用于拉深后孔的翻边,系数 0.85 用于平板坯料的翻边。

2. 非圆孔翻边

如图 5-14 所示为非圆孔翻边,从变形情况看,可以按孔边分成 Ⅰ、Ⅱ、Ⅲ 三种性质不同的变形区,其中只有 Ⅰ 区属于圆孔翻边变形;Ⅱ 区为直边,属于弯曲变形;Ⅲ 区和拉深变形性质相似。由于 Ⅱ 区和 Ⅲ 区两部分的变形性质可以减轻 Ⅰ 部分的变形程度,因此非圆孔翻边系数 K_f(一般指小圆弧部分的翻边系数)可小于圆孔翻边系数 K,两者的关系约为:

$$K_f = (0.85 \sim 0.95)K$$

低碳钢非圆孔的极限翻边系数可根据各圆弧段的圆心角 α 大小,查表 5-5 确定。

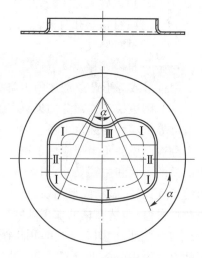

图 5-14 非圆孔翻孔

表 5-5　低碳钢非圆孔翻边的极限翻边系数 K_{min}

$\alpha/°$	比值 d/t						
	50	33	20	12～8.3	6.6	5	3.3
180～360	0.8	0.6	0.52	0.5	0.48	0.46	0.45
165	0.73	0.55	0.48	0.46	0.44	0.42	0.41
150	0.67	0.5	0.43	0.42	0.4	0.38	0.375
130	0.6	0.45	0.39	0.38	0.36	0.35	0.34
120	0.53	0.4	0.35	0.33	0.32	0.31	0.3
105	0.47	0.35	0.30	0.29	0.28	0.27	0.26
90	0.4	0.3	0.26	0.25	0.24	0.23	0.225
75	0.33	0.25	0.22	0.21	0.2	0.19	0.185
60	0.27	0.2	0.17	0.17	0.16	0.15	0.145
45	0.2	0.15	0.13	0.13	0.12	0.12	0.11
30	0.14	0.1	0.09	0.08	0.08	0.08	0.08
15	0.07	0.05	0.04	0.04	0.04	0.04	0.04
0°	弯曲变形						

非圆孔翻边坯料的预孔形状和尺寸,可以按圆孔翻边、弯曲和拉深各区分别展开,然后用作图法把各展开线交接处光滑连接起来。

知识点 2　外缘翻边

按变形的性质,外缘翻边可分为伸长类翻边和压缩类翻边。

1. 伸长类翻边

伸长类翻边如图 5-15 所示,图 5-15(a)为伸长类平面翻边,是沿不封闭内凹曲线进行的,图 5-15(b)为伸长类曲面翻边,是在曲面坯料上进行的。它们共同的特点是坯料变形区主要在切向拉应力的作用下产生切向伸长变形,边缘容易拉裂。其变形程度 $\varepsilon_{伸}$ 用下式表示(图 5-15(a)):

$$\varepsilon_{伸} = \frac{b}{R-b}$$

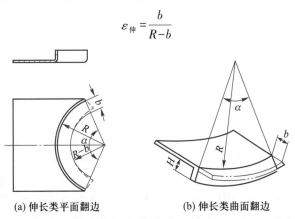

(a) 伸长类平面翻边　　　　　(b) 伸长类曲面翻边

图 5-15　伸长类翻边

伸长类外缘翻边时,其变形类似于内孔翻边,但由于是沿不封闭曲线翻边,坯料变形区内切向的拉应力和切向的伸长变形沿翻边线的分布是不均匀的,中部最大,两端为零。假如采用宽度 b 一致的坯料形状,则翻边后零件的高度不平齐,而是两端高度大,中间高度小的竖边。另外,竖边的端线也不垂直,而是向内倾斜成一定的角度。为了得到平齐一致的翻边高度,应在坯料的两端对坯料的轮廓线做必要的修正,采用如图 5-15a 中虚边所示的形状,其修正值根据变形程度和翻边高度的大小而不同。如果翻边的高度不大,但翻边沿线的曲率半径很大时,可以不做修正。

外缘翻边时常用材料的允许变形程度见表 5-6。

表 5-6 外缘翻边时常用材料的允许变形程度

材料名称及牌号		$\varepsilon_压 \times 100$		$\varepsilon_压 \times 100$	
		橡皮成形	模具成形	橡皮成形	模具成形
铝合金	L4 软	25	30	6	40
	L4 硬	5	8	3	12
	LF21 软	23	30	6	40
	LF21 硬	20	8	3	12
	LF2 软	5	25	6	35
	LF2 硬	20	8	3	12
	LY12 软	14	20	6	30
	LY12 硬	6	8	0.5	9
	LY11 软	14	20	4	30
	LY11 硬	5	6	0	0
黄铜	H62 软	30	40	8	5
	H62 半硬	10	14	4	16
	H68 软	35	45	8	55
	H68 半硬	10	14	4	16
钢	10	—	38	—	10
	20	—	22	—	10
	1Cr18Ni9 软	—	15	—	10
	1Cr18Ni9 硬	—	40	—	10
	2Cr18Ni9	—	40	—	10

伸长类曲面翻边时,为防止坯料底部在中间部位出现起皱现象,应采用较强的压料装置;为创造有利于翻边变形的条件,防止在坯料的中间部位过早地进行翻边,而引起径向和切向方向上过大的伸长变形,甚至开裂,应使凹模和顶料板的曲面形状与工件的曲面形状相同,而凸模的曲面形状应修正为如图 5-16 所示的形状;另外,冲压方向的选取,也就是坯料在翻边模的位置,应对翻边变形提供尽可能

有利的条件,应保证翻边作用力在水平方向上的平衡,通常取冲压方向与坯料两端切线构成的角度相同,如图5-17所示。

2. 压缩类翻边

如图5-18(a)所示为压缩类平面翻边,是沿不封闭外凸曲线进行,如图5-18(b)所示为压缩类曲面翻边,是在曲面坯料上进行的。它们共同的特点是坯料变形区主要在切向压应力的作用下产生切向压缩变形,边缘容易起皱。其变形程度 $\varepsilon_{\text{压}}$ 用下式表示(图5-18(a)):

$$\varepsilon_{\text{压}} = \frac{b}{R+b}$$

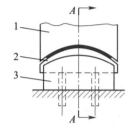 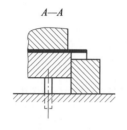

图5-16 伸长类曲面翻边凸模曲面形状的修正
1—凹模;2—顶料板;3—凸模

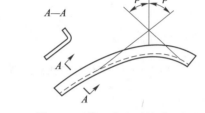

图5-17 曲面翻边时的冲压方向

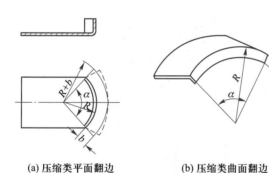

(a) 压缩类平面翻边　　　　　(b) 压缩类曲面翻边

图5-18 压缩类翻边

压缩类平面翻边其变形类似于拉深,所以当翻边高度较大时,模具上也要带有防止起皱的压料装置;由于是沿不封闭曲线翻边,翻边线上切向压应力和径向拉应力的分布是不均匀的,中部最大,而在两端最小。为了得到翻边后竖边的高度平齐而两端线垂直的零件,必须修正坯料的展开形状,修正的方向恰好和伸长类平面翻边相反,如图5-18(a)虚线所示。

压缩类曲面翻边时,坯料变形区在切向压应力作用下产生的失稳起皱是限制变形程度的主要因素,如果把凹模的形状做成如图5-19所示的形状,可以使中间部分的切向压缩变形向两侧扩展,使局部的集中变形趋向均匀,减少起皱的可能性,同时对坯料两侧在偏斜方向上进行冲压的情况也有一定的改善;冲压方向的选择原则与伸长类曲面翻边时相同。

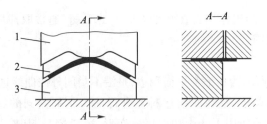

图 5-19 压缩类曲面翻边凹模形状的修正
1—凹模;2—压料板;3—凸模

任务实施 ▷▷▷

认识翻边模

如图 5-20 所示为内孔翻边模,其结构与拉深模基本相似。

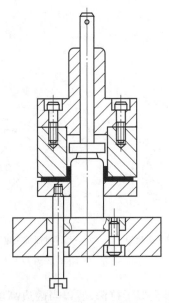

图 5-20 内孔翻边模

如图 5-21 所示为内、外缘翻边模。

如图 5-22 所示为落料、拉深、冲孔、翻边复合模。凸凹模 8 与落料凹模 4 均固定在固定板 7 上,以保证同轴度。冲孔凸模 2 压入凸凹模 1 内,并以垫片 10 调整它们的高度差,以此控制冲孔前的拉深高度,确保翻出合格的零件高度。该模的工作顺序是:上模下行,首先在凸凹模 1 和落料凹模 4 的作用下落料。上模继续下行,在凸凹模 1 和 8 相互作用下将坯料拉深,冲床缓冲器的力通过顶杆 6 传递给顶件块 5 并对坯料施加压料力。当拉深到一定深度后由冲孔凸模 2 和凸凹模 8 进行冲孔并翻边。当上模回升时,在顶件块 5 和推件块 3 的作用下将工件顶出,条料由卸料板 9 卸下。

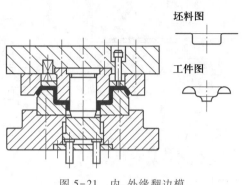

图 5-21   内、外缘翻边模

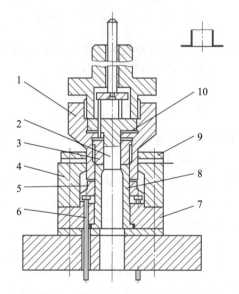

图 5-22   落料、拉深、冲孔、翻孔复合模

1、8—凸凹模;2—冲孔凸模;3—推件块;4—落料凹模;
5—顶件块;6—顶杆;7—固定板;9—卸料板;10—垫片

任务拓展 〉〉〉

变薄翻边

在不变薄翻边时,对于竖边较高的零件,需要先拉深再进行翻边。如果零件壁部允许变薄,这时可应用变薄翻边,既可提高生产率,又能节约材料。

如图 5-23 所示是用阶梯形凸模变薄翻边。凸模采用阶梯形,经过不同阶梯使工序件竖壁部分逐步变薄,而高度增加。凸模各阶梯之间的距离大于零件高度,以便前一个阶梯的变形结束后再进行后一阶梯的变形。用阶梯形凸模进行变薄翻边时,应有强力的压料装置和良好的润滑。

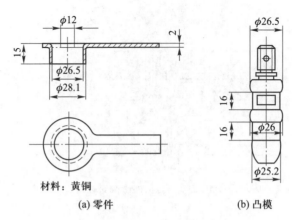

图 5-23　用阶梯形凸模变薄翻边

从变薄翻边的过程可看出,变形程度不仅决定于翻边系数,还决定于壁部的变薄系数。变薄系数 K_b 公式如下:

$$K_b = \frac{t_i}{t_{i-1}}$$

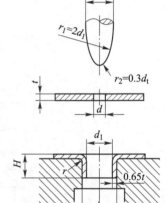

式中,t_i——变薄翻边后竖边材料的厚度;

　　　t_{i-1}——变薄翻边前竖边材料的厚度。

一次翻边中的变薄系数可达 $K_b = 0.4 \sim 0.5$,甚至更小。竖边的高度应按体积不变定律进行计算。变薄翻边经常用于平板坯料或在工序工件上冲制 M5 以下的小螺孔,翻边参数如图 5-24 所示。

坯料预制孔直径 d 为:$d = (0.45 \sim 0.5)d_1$

翻孔外径 d_3 为:$d_3 = d_1 + 1.3t$

翻孔高度 H 可由体积不变原则算出,一般 $H = (2 \sim 3)t$。

图 5-24　小螺孔的翻边

对低碳钢、黄铜、纯铜和铝制件进行小螺纹孔变薄翻孔时,也可参考表 5-7 所列的尺寸。

表 5-7　小螺纹孔变薄翻孔的尺寸　　　　　　　　　　　　mm

螺纹直径	t	d	d_1	H	d_3	r
M2	0.8	0.8	1.6	1.6	2.7	0.2
	1.0			1.8	3.0	0.4
M2.5	0.8	1	2.1	1.7	3.2	0.2
	1.0			1.9	3.5	0.4
M3	0.8	1.2	2.5	2.0	3.6	0.2
	1.0			2.1	3.8	0.4
	1.2			2.2	4.0	0.4
	1.5			2.4	4.5	0.4

螺纹直径	t	d	d_1	H	d_3	r
M4	1.0	1.6	3.3	2.6	4.7	0.4
	1.2			2.8	5.0	0.4
	1.5			3.0	5.4	0.4
	2.0			3.2	6.0	0.6

任务3 缩 口

微课
缩口成形

任务陈述 >>>

缩口是在模具的作用下,将管坯或预先拉深好的圆筒形件的口部直径缩小的一种成形方法。缩口工艺在国防工业和民用工业中有广泛应用,如枪炮的弹壳、钢气瓶等。缩口与拉深工序的比较,如图5-25所示。

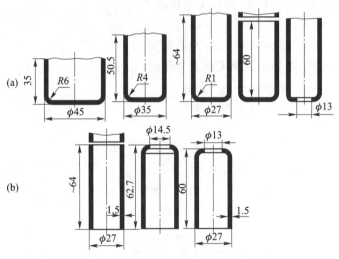

图 5-25 缩口与拉深工序的比较

通过本任务的学习,了解缩口的概念、缩口工艺计算,清楚缩口的特点和方法,通过实例了解缩口模的典型特点及结构。

知识准备 >>>

知识点1 缩口变形特点及变形程度

缩口成形的变形特点

常见的缩口形式有斜口式、直口式和球面式,如图5-26所示。

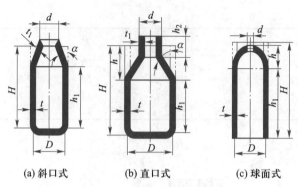

(a) 斜口式　　　(b) 直口式　　　(c) 球面式

图 5-26　常见的缩口形式

变形区由于受到较大切向压应力的作用易产生切向失稳而起皱,起到传力作用的筒壁区由于受到轴向压应力的作用易产生轴向失稳而起皱,所以失稳起皱是缩口工序的主要障碍。

缩口的应力应变特点如图 5-27 所示。在缩口变形过程中,坯料变形区受两向压应力的作用而切向压应力是最大主应力,能够使坯料直径减小,壁厚和高度增加,因而切向可能产生失稳起皱。同时,在非变形区的筒壁,在缩口压力 F 的作用下,轴向可能产生失稳变形。故缩口的极限变形程度主要受失稳条件限制,防止失稳是缩口工艺要解决的主要问题。

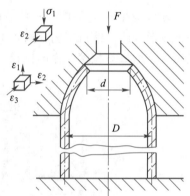

图 5-27　缩口的应力应变特点

缩口的变形程度用缩口系数 m 表示:

$$m = \frac{d}{D}$$

缩口系数 m 愈小,变形程度愈大。不同材料、不同厚度的平均缩口系数参考数值见表 5-8。不同材料、不同支承方式下缩口的允许极限缩口系数参考数值见表 5-9。

表 5-8　平均缩口系数 m_0　　　　　　　　　　　　　　　　　mm

材料	材料厚度 t		
黄铜	~0.5	>0.5~1	>1
钢	0.85	0.8~0.7	0.7~0.65
	0.8	0.75	0.7~0.65

表 5-9　允许极限缩口系数 m_{min}　　　　　　　　　　　　　mm

材料	支承方式		
	无支承	外支承	内外支承
软钢	0.70~0.75	0.55~0.60	0.3~0.35
黄铜 H62、H68	0.65~0.70	0.50~0.55	0.27~0.32

材料	支承方式		
	无支承	外支承	内外支承
铝	0.68~0.72	0.53~0.57	0.27~0.32
硬铝(退火)	0.73~0.80	0.60~0.63	0.35~0.40
硬铝(淬火)	0.75~0.80	0.68~0.72	0.40~0.43

注:无支承是如图 5-27(a)所示的模具;外支承是如图 5-27(b)所示的模具;内外支承是如图 5-27(c)所示的模具。

由表 5-8、表 5-9 可以看出:材料塑性愈好,厚度愈大,缩口系数愈小。此外模具对筒壁有支承作用时,极限缩口系数可更小。

知识点 2 缩口工艺计算

1. 缩口次数

若工件的缩口系数 m 小于允许的缩口系数时,需进行多次缩口,缩口次数 n 按下式估算:

$$n = \frac{\lg m}{\lg m_0} = \frac{\lg d - \lg D}{\lg m_0}$$

式中,m_0——平均缩口系数,见表 5-8。

2. 颈口直径

多次缩口时,最好每道缩口工序之后进行中间退火,各次缩口系数可参考下面公式确定。

首次缩口系数: $\qquad m_1 = 0.9 m_0$

后各次缩口系数: $\qquad m_n = (1.05 \sim 1.10) m_0$

各次缩口后颈口直径为: $\qquad d_1 = m_1 D$

$$d_2 = m_2 d_1 = m_1 m_2 D$$

$$d_3 = m_3 d_2 = m_1 m_2 m_3 D$$

$$\vdots$$

$$d_n = m_n d_{n-1} = m_1 m_2 m_3 \cdots m_n D$$

d_n 应等于工件的颈口直径。

3. 坯料高度

对于如图 5-28 所示的缩口工件,缩口前坯料高度 H 按下式计算:

$$H = 1.05 \left[h_1 + \frac{D^2 - d^2}{8D \sin \alpha} \left(1 + \sqrt{\frac{D}{d}} \right) \right]$$

如图 5-28(a)所示工件:

$$H = 1.05 \left[h_1 + h_2 \sqrt{\frac{d}{D}} + \frac{D^2 - d^2}{8D \sin \alpha} \left(1 + \sqrt{\frac{D}{d}} \right) \right]$$

如图 5-28(b)所示工件：

$$H=h_1+\frac{1}{4}\left(1+\sqrt{\frac{D}{d}}\right)\sqrt{D^2-d^2}$$

如图 5-28(c)所示工件：

式中凹模的半锥角 α 对缩口成形过程有重要影响,半锥角 α 取得合理,允许的缩口系数可以比平均缩口系数小 10%～15%,一般应使 $\alpha<45°$,最好 $\alpha<30°$。

4. 缩口力

如图 5-28(a)所示的锥形缩口件,在无支承缩口模上进行缩口时,其缩口力 F 可用下式计算：

$$F=K\left[1.1\pi Dt\sigma_b\left(1-\frac{d}{D}\right)(1+\mu\mathrm{ctg}\,\alpha)\frac{1}{\cos\alpha}\right]$$

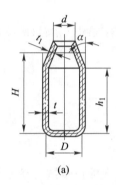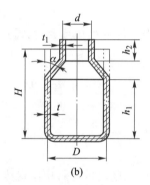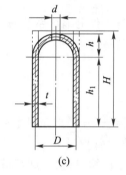

图 5-28 缩口工件

式中, μ——冲件与凹模接触面摩擦系数；

σ_b——材料抗拉强度；

K——速度系数,在曲柄压力机上工作时 $K=1.15$。

其余符号如图 5-28(a)所示。

任务实施

认识缩口模

如图 5-29 所示为不同支承方法的缩口模。图 5-29(a)是无支承式,其模具结构简单,但缩口过程中坯料稳定性差;图 5-29(b)是外支承式,缩口时坯料的稳定性较前者好;图 5-29(c)是内外支承式,其模具结构较前两种复杂,但缩口时坯料的稳定性最好。如图 5-30 所示为有夹紧装置的缩口模。如图 5-31 所示为缩口与扩口复合模,可以得到特别大的直径差。如图 5-32 所示为气瓶缩口模,应用很广泛。

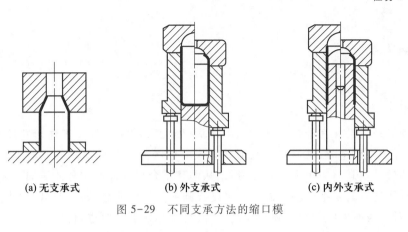

(a) 无支承式　　(b) 外支承式　　(c) 内外支承式

图 5-29　不同支承方法的缩口模

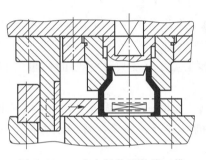

图 5-30　有夹紧装置的缩口模

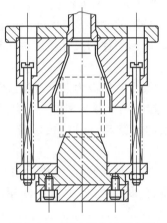

图 5-31　缩口与扩口复合模

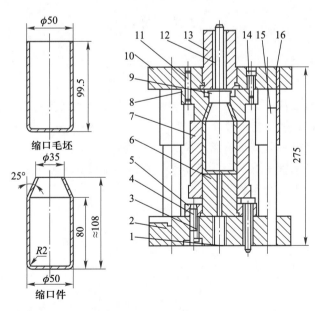

图 5-32　气瓶缩口模

1—顶杆；2—下模板；3、14—螺栓；4、11—销钉；5—下固定板；6—垫块；7—外支承套；
8—缩口凹模；9—顶出器；10—上模板；12—打料杆；13—模柄；15—导柱；16—导套

215

任务拓展 》》》

校形

校形是指工件在经过各种冲压工序后,因为其尺寸精度及表面形状还不能达到零件的要求,这时,就需要在其形状和尺寸已经接近零件要求的基础上,再通过特殊的模具使其产生不大的塑性变形,从而获得合格零件的一种冲压加工方法。

校形的目的是把工件表面的不平度或圆弧修整到能够满足图样的要求。一般来说,对于表面形状及尺寸要求较高的冲压件,往往都需要进行校形。

校形工艺有如下特点:

① 校形的变形量都很小,而且多为局部的变形。

② 校形工件的尺寸精度都比较高,因此要求模具成形部分的精度相应地也应该提高。

③ 校形时的应力、应变的性质都不同于前几道工序的应力应变。校形时的应力状态应有利于减少回弹对工件精度的影响,即有利于使工件在校形模作用下形状和尺寸的稳定。因此校形时工件所处的应力应变要比一般的成形过程复杂得多。

④ 校形时,需要压力机滑块在下死点位置时进行。因此,校形对所使用设备的刚度、精度要求高,通常在专用的精压机上进行。如果在普通压力机上进行校形,则必须设有过载保护装置,以防损坏设备。

思考与练习

1. 何为胀形、翻边、缩口? 在这些成形工序中,由于变形过度而出现的材料损坏形式分别是什么?

2. 胀形变形区的应力状态如何? 其成形极限受哪些因素的影响? 如果零件的变形超过了材料的极限变形程度,在工艺上可以采取哪些措施预防?

3. 冲头形状对翻边高度有何影响?

4. 影响极限翻边系数的因素有哪些? 在工艺上该如何预防?

5. 简述缩口工艺变形特点。

附录 1　模具常用公差与配合及表面粗糙度

附录 2　模具常用螺钉与销钉

附录 3　橡胶、弹簧的选用

附录 4　冲压常用金属材料的规格和性能

附录 5　冲模类型选用

附录 6　常用冲压设备规格型号及选用

附录 7　冷冲模标准模架

［1］成虹.冲压工艺与模具设计［M］.3 版.北京:高等教育出版社,2014.

［2］林承全.冲压模具课程设计指导与范例［M］.北京:化学工业出版社,2008.

［3］陈传胜.冲压成形工艺与模具设计［M］.北京:化学工业出版社,2012.

［4］范建蓓.冲压模具设计与实践［M］.北京:机械工业出版社,2013.

［5］刘朝福.冲压模具典型结构图册与动画演示［M］.北京:化学工业出版社,2010.

［6］杨海鹏.冲压模具设计与制造实例教程［M］.北京:清华大学出版社,2019.

［7］范有发.冲压与塑料成型设备［M］.北京:机械工业出版社,2010.

［8］郭铁良.模具制造工艺学［M］.北京:高等教育出版社,2014.

［9］成虹.模具制造技术［M］.2 版.北京:机械工业出版社,2016.

［10］杨占尧.冲压工艺编制与模具设计制造［M］.北京:人民邮电出版社,2010.

［11］李硕本.冲压工艺学［M］.北京:机械工业出版社,1982.

［12］中国机械工程学会塑性工程学会.锻压手册:第 2 卷冲压［M］.3 版.北京:机械
工业出版社,2008.